高职高专艺术设计类规划教材建设单位

（按照汉语拼音排序）

北京电子科技职业学院

长江职业技术学院

海口经济学院

河南财政税务高等专科学校

河南焦作大学

河南艺术职业学院

湖北轻工职业技术学院

辽宁大学

辽宁省交通高等专科学校

漯河职业技术学院

濮阳职业技术学院

沈阳师范学院

沈阳新华印刷厂

武汉工业职业技术学院

郑州电子职业技术学院

郑州轻工业学院轻工职业学院

北京联合大学平谷学院

东北大学东软信息学院

河北能源建材职业技术学校

河南工程学院

河南经贸职业学校

鹤壁职业技术学院

金华职业技术学院

辽宁经济职业技术学院

洛阳理工学院

南通职业大学

山东英才学院

沈阳现代美术学院

四川烹饪高等专科学校

西安机电信息学院

郑州航空工业管理学院

GAOZHI GAOZHUAN
YISHU SHEJILEI
GUIHUA JIAOCAI

高职高专艺术设计类规划教材

Flash动画设计与实训

王俊波 主 编
刘 臻 副主编

Flash
DONGHUA
SHEJI
YU
SHIXUN

化学工业出版社
·北 京·

本书通过7章共24个实训项目介绍了Flash动画的设计与制作方法。实训项目采用“项目制作+项目知识点+项目进阶练习”的实操性课堂授课模式，从界面工具操作、基本图形绘制、手绘场景处理、基础动画制作、贺卡动画、MV制作、产品推广交互动画制作、片头动画制作、常见网页广告制作等方面全方位地讲述了Flash软件的各项功能及制作方法。本书内容编排由浅入深，实用性强，即使是零基础的初学者也能轻松上手，掌握Flash的制作方法。

本书可作为高职高专院校艺术设计类专业以及计算机等相关专业的教学用书，也可作为相关专业人员的培训教材及自学参考书。

图书在版编目（CIP）数据

Flash动画设计与实训/王俊波主编. —北京：化学工业出版社，2018.1重印
高职高专艺术设计类规划教材
ISBN 978-7-122-11623-9

Ⅰ. F… Ⅱ. 王… Ⅲ. 动画制作软件，Flash—高等职业教育—教材 Ⅳ. TP391.41

中国版本图书馆CIP数据核字（2011）第122888号

责任编辑：李彦玲　　文字编辑：李姿娇
责任校对：边涛　　装帧设计：尹琳琳

出版发行：化学工业出版社（北京市东城区青年湖南街13号　邮政编码100011）
印　　装：北京画中画印刷有限公司
787mm×1092mm　1/16　印张7　字数146千字　2018年1月北京第1版第2次印刷

购书咨询：010-64518888（传真：010-64519686）　售后服务：010-64518899
网　　址：http://www.cip.com.cn
凡购买本书，如有缺损质量问题，本社销售中心负责调换。

定　　价：29.00元

前言

Flash软件是一种创作工具，是一款交互性矢量多媒体制作软件，设计人员和开发人员可使用它来创建演示文稿、应用程序和其他允许用户交互的内容。Flash可以包含简单的动画、视频内容、复杂演示文稿和应用程序以及介于它们之间的任何内容。通常，使用Flash创作的各个内容单元称为应用程序，即使它们可能只是很简单的动画，您也可以通过添加图片、声音、视频和特殊效果，构建包含丰富媒体的Flash应用程序。Flash软件特别适用于创建通过Internet提供的内容，因为它的文件非常小。Flash软件是通过广泛使用矢量图形做到这一点的。与位图图形相比，矢量图形需要的内存和存储空间小很多，因为它们是以数学公式而不是大型数据集来表示的。位图图形之所以更大，是因为图像中的每个像素都需要一组单独的数据来表示。

本书以职业教育课堂教学最新改革实验项目驱动教学法模式展开内容编写，力求全方位立体化地展示课堂教学改革实施方案，突出职业教学对学生动手能力的培养。全书共7章，由24个实训项目案例由浅入深地展开介绍。教学模式采用“项目制作+项目知识点+项目进阶练习”实操性课堂授课模式，重在提高学生学习的主动性，培养学生的实践能力。实训项目从界面工具操作、基本图形绘制、手绘场景处理、基础动画制作、贺卡动画、MV制作、产品交互演习动画制作、片头动画制作、常见网页广告制作等方面全方位地讲述了Flash软件的各项功能及制作方法，确保项目内容的实用性，使零基础的初学者也能轻松上手，掌握Flash的制作方法。

本书可作为各大中专院校、高职高专学校、社会培训学校、单位机构的学习教材或辅导教材。

本书由职业院校一线优秀教师编写，王俊波任主编，刘臻任副主编。其中第1章和第7章由王俊波编写，第2章由刘亚丹和王俊波编写，第3章由刘臻编写，第4章由王玉编写，第5章由张爽编写，第6章由王彩虹编写，全书由王俊波负责统稿修改。

本书在编写过程中，得到郑州轻工业学院轻工职业学院艺术设计系曹永智主任的指导和帮助，也得到化学工业出版社编辑和领导的大力支持，在此特别表示感谢！

由于软件技术发展迅速，Flash应用的功能较多，加之编写时间紧迫，书中难免有不足和疏漏之处，希望有关专家学者和广大读者给予批评指正，同时也希望这本书能对广大学生和动画制作爱好者有所帮助。

编者

2011年6月

目 录

第1章 Flash CS5简述

001 1.1 实训项目一 简单动画制作
001 1.1.1 简单动画项目制作
004 1.1.2 简单动画项目知识点
004 1.1.3 简单动画项目进阶练习：文字动画制作
004 1.2 实训项目二 工作界面操作
004 1.2.1 使用时间轴
005 1.2.2 使用图层
005 1.2.3 使用舞台
006 1.2.4 使用网格、辅助线和标尺
006 1.2.5 使用“库”面板
007 1.2.6 使用“动作”面板
007 1.2.7 使用“属性”检查器

第2章 绘制图形

008 2.1 实训项目一 绘制规则图形
008 2.1.1 绘制规则图形项目制作
009 2.1.2 绘制规则图形项目知识点
010 2.1.3 绘制规则图形项目进阶练习：绘制花瓶
010 2.2 实训项目二 不规则人物图形绘制
010 2.2.1 不规则人物图形绘制项目制作
014 2.2.2 不规则人物图形绘制项目知识点
015 2.2.3 不规则人物图形绘制项目进阶练习：女孩人物绘制
015 2.3 实训项目三 渐变特效文字制作
015 2.3.1 渐变特效文字项目制作
017 2.3.2 渐变特效文字制作项目知识点
017 2.3.3 渐变特效文字制作项目进阶练习：制作彩虹文字
017 2.4 实训项目四 位图导入编辑
017 2.4.1 位图导入编辑项目制作
020 2.4.2 位图导入编辑项目知识点
020 2.4.3 位图导入编辑项目进阶练习：公路汽车位图编辑
020 2.5 实训项目五 完整人物场景绘制
021 2.5.1 完整人物场景绘制项目制作
024 2.5.2 完整人物场景绘制项目知识点

第3章 Flash基础动画制作

025 3.1 实训项目一 逐帧动画制作
025 3.1.1 海底动物奔跑动画项目制作
026 3.1.2 逐帧动画制作项目知识点
026 3.1.3 逐帧动画项目进阶练习：制作一个小动物行走的动画
027 3.2 实训项目二 运动补间动画制作

027 3.2.1 足球位置移动项目制作
027 3.2.2 补间动画项目知识点
028 3.2.3 补间动画项目进阶练习：小球移动动画
028 3.3 实训项目三 形状补间动画制作
028 3.3.1 不同几何形状间变化
029 3.3.2 树叶形状间变化
030 3.3.3 形状补间动画项目知识点
031 3.3.4 形状补间动画项目进阶练习：几何形线框间变化
031 3.4 实训项目四 透明动画制作
031 3.4.1 透明动画项目制作
032 3.4.2 透明动画项目知识点
033 3.4.3 透明动画项目进阶练习：图形的轮换效果
033 3.5 实训项目五 遮罩动画制作
033 3.5.1 遮罩动画项目制作
034 3.5.2 遮罩动画项目知识点
035 3.5.3 遮罩动画项目进阶练习：分离移动的图形
035 3.6 实训项目六 引导线动画制作
035 3.6.1 飘落的树叶项目制作
037 3.6.2 引导线动画项目知识点
038 3.6.3 引导线动画项目进阶练习：小球沿着抛物线运动
038 3.7 实训项目七 旋转动画
038 3.7.1 钟表指针旋转动画制作
040 3.7.2 旋转动画项目知识点
042 3.7.3 旋转动画项目进阶练习：风车旋转

第4章 应用元件

043 4.1 实训项目 梅花贺卡动画项目制作
043 4.1.1 制作贺卡背景显示动画
045 4.1.2 制作梅花开放和贺词动画
046 4.1.3 制作显示按钮动画
048 4.2 梅花贺卡动画项目知识点
049 4.3 梅花贺卡动画项目进阶练习：中秋节贺卡制作

第5章 多媒体应用及影片发布

050 5.1 实训项目一 思念MV制作
050 5.1.1 思念MV项目制作
053 5.1.2 编辑声音
058 5.1.3 导入视频
060 5.1.4 思念MV项目知识点
060 5.1.5 思念MV项目进阶练习：MV制作
060 5.2 实训项目二 优化影片
060 5.2.1 优化文档
061 5.2.2 优化线条
061 5.2.3 优化文本
061 5.2.4 优化色彩
061 5.3 实训项目三 测试影片
061 5.3.1 测试影片效果
062 5.3.2 测试影片网络播放效果
062 5.3.3 测试影片下载性能
063 5.4 实训项目四 导出文件
063 5.4.1 导出影片文件
064 5.4.2 导出图像文件

065 5.5 实训项目五 发布影片
065 5.5.1 发布为Flash动画
066 5.5.2 发布为GIF动画

第6章 ActionScript的使用

067 6.1 实训项目一 产品推广交互动画制作
067 6.1.1 IPAD2产品推广交互动画制作
074 6.1.2 交互动画项目知识点
075 6.1.3 交互动画项目进阶练习：为某一款汽车制作交互演示系统
075 6.2 实训项目二 人物走动影片控制
075 6.2.1 人物走动影片控制项目制作
083 6.2.2 人物走动影片控制项目知识点

第7章 综合动画制作

087 7.1 实训项目一 网站片头动画制作
087 7.1.1 前期准备
093 7.1.2 中期制作
099 7.1.3 影片发布
099 7.1.4 网站片头动画项目进阶练习：片头动画制作
099 7.2 实训项目二 网络广告Banner设计制作
100 7.2.1 网络广告Banner项目制作
103 7.2.2 网站片头动画项目进阶练习:Banner广告制作

参考文献

第1章　Flash CS5简述

Flash CS5是Adobe公司收购Macromedia公司后将享誉盛名的Macromedia Flash更名为Adobe Flash后的一款动画软件。它是一种创作工具，设计人员和开发人员可使用它来创建演示文稿、应用程序和其他允许用户交互的内容。利用该软件制作动画需要的内存和存储空间比位图动画小很多。用户不但可以在动画中加入声音、视频和位图图像，还可以制作交互式的影片或者具有完备功能的网站。

通过本章的学习，读者应熟悉Flash动画的特点，了解Flash软件界面的组成元素，并通过实训项目制作认识Flash动画开发的一般步骤。

1.1　实训项目一　简单动画制作

项目分析：

通过一个简单动画制作，对应用Flash软件制作动画有一个感性认识，了解Flash软件的工作环境，初步认识Flash制作动画的特点及简单流程。

1.1.1　简单动画项目制作

① 新建文件：执行“文件”>“新建”命令，弹出“新建文档”对话框，选择“常规类型”下的“ActionScript 3.0”，点击“确定”，即可创建一个新Flash文档（如图1-1所示）。

② 执行“修改”>“文档”命令（或按住

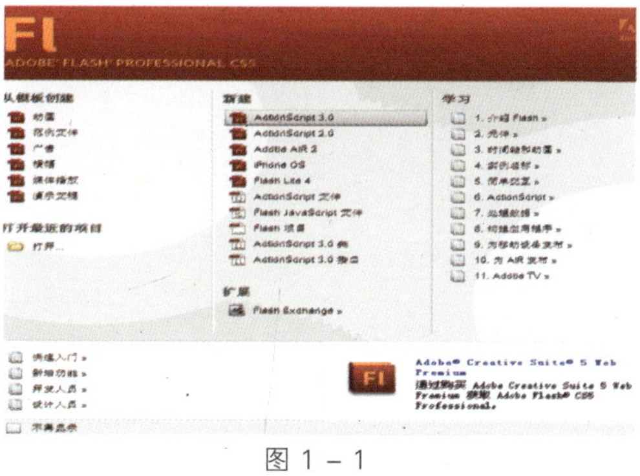

图 1－1

Ctrl+J快捷键），打开“文档设置”对话框，设置相关参数：尺寸宽度为550像素，高度为120像素，背景颜色为白色，帧频为12，单击“确定”按钮（如图1-2所示）。

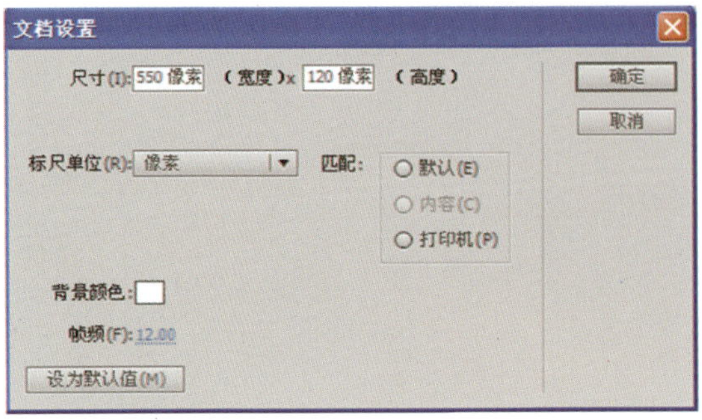

图1-2

这时Flash软件界面工作区如图1-3所示。

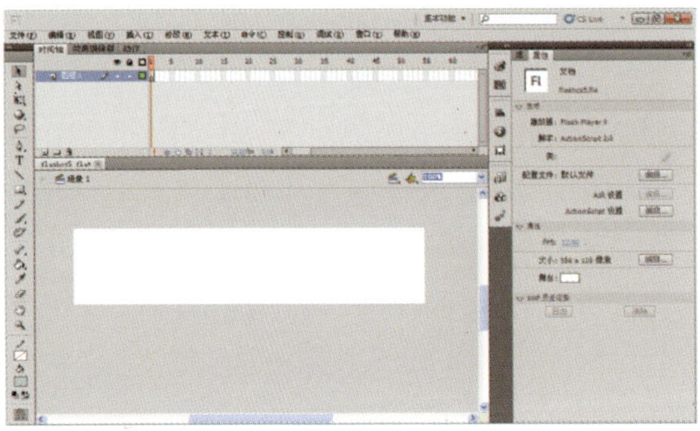

图1-3

③ 双击“图层1”文字，将其修改为“背景”层。使用（矩形工具）绘制一个宽度为550像素，高度为120像素，填充颜色值为#990000的矩形，属性设置如图1-4所示。

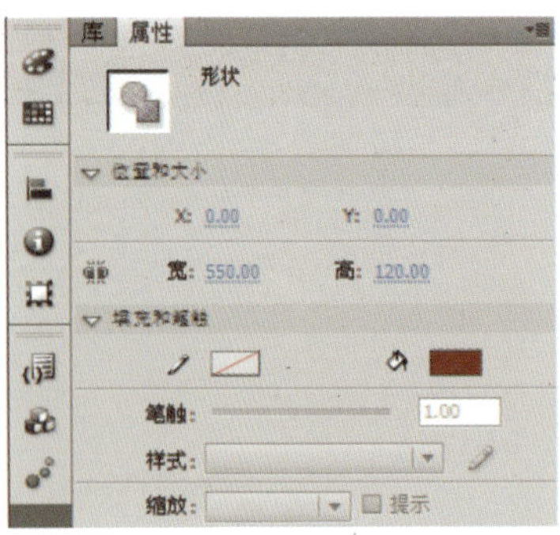

图1-4

④ 执行“文件”>“导入”>“导入到舞台”命令，将素材文件“第1章/adobe.jpg”图片导入舞台，使用（选择工具）（或按快捷键V）移动图片位置，如图1-5所示。

图1-5

⑤ 点击（新建图层）按钮，新建一个图层，命名为flash，选择图层第1帧，使用T（文本工具）输入文字“flashcs5”。在“属性”栏里设置字体为“Swis721 Blk BT”，大小为40，字距为5，颜色为白色，放置在如图1-6所示位置。

图1-6

⑥ 选择文字“flashcs5”，点击“修改”菜单栏下的“转换为元件”命令，在弹出的对话框中将元件命名为“flashcs5”，类型选择“图形”，如图1-7所示。

图1-7

⑦ 在“背景”图层的第50帧插入帧，在“flash”图层的第20帧插入“关键帧”，如图1-8所示。

⑧ 选择“flash”图层的第1帧和第20帧之间的任何一帧，点击右键执行“创建传统补间”命令，并在第50帧插入一个帧，如图1-9所示。

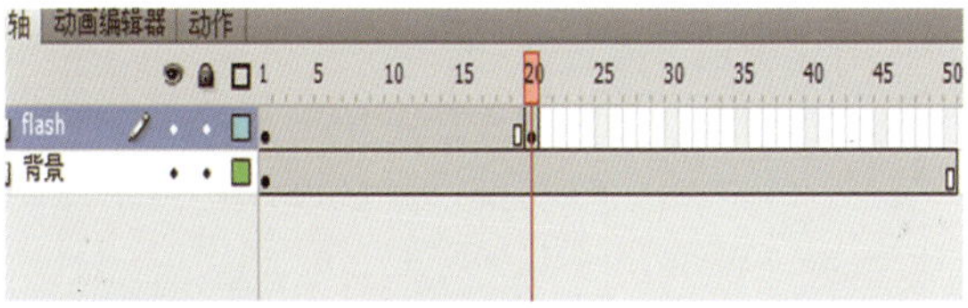

图1–8

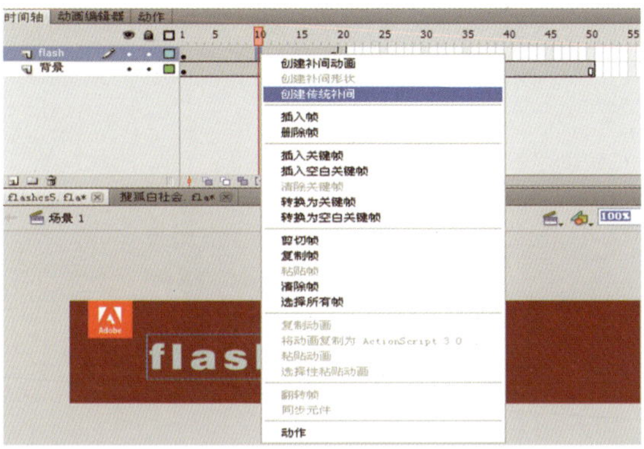

图1–9

⑨ 点击（插入图层）按钮，新建一个图层，命名为“梦工厂”。选择图层第20帧点击右键插入一个空白关键帧，使用T（文本工具）输入文字“网络动画设计制作梦工厂”，在“属性”栏里设置字体为“黑体”，大小为40，字距为2，颜色为白色，并点击“修改”菜单栏下的“转换为元件”命令，将文字转化为图形元件，命名为“梦工厂”，放置在如图1-10所示位置。

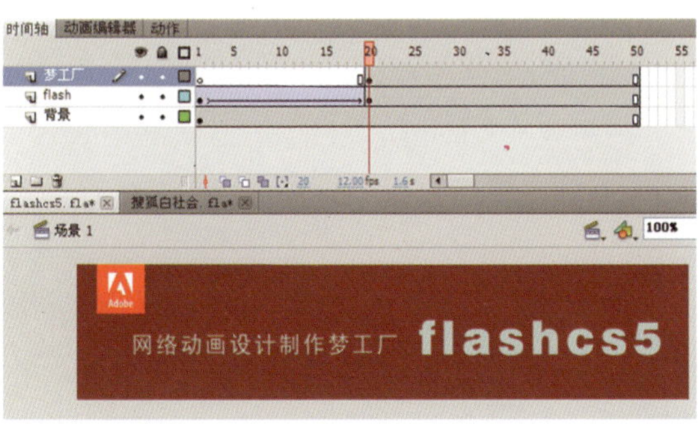

图1–10

⑩ 选择图层“梦工厂”的第30帧，插入一个关键帧，并选择第20帧，在“属性”栏里设置元件“色彩效果”下的“Alpha”值为0%，如图1-11所示。然后选择第20帧和第30帧中间的任何一帧，点击右键创建传统补间动画，并在第50帧插入帧，如图1-12所示。

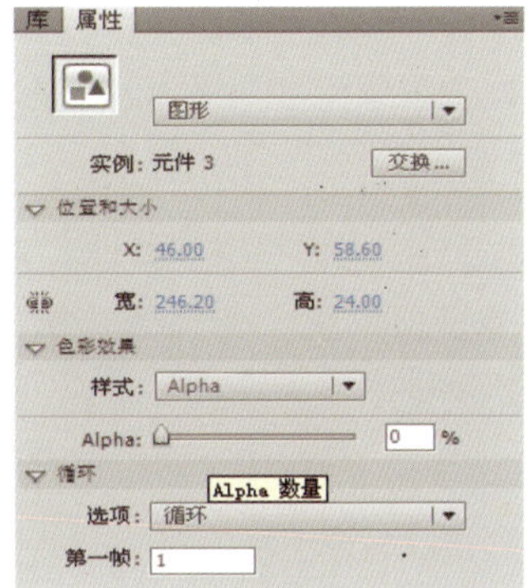

图1–11

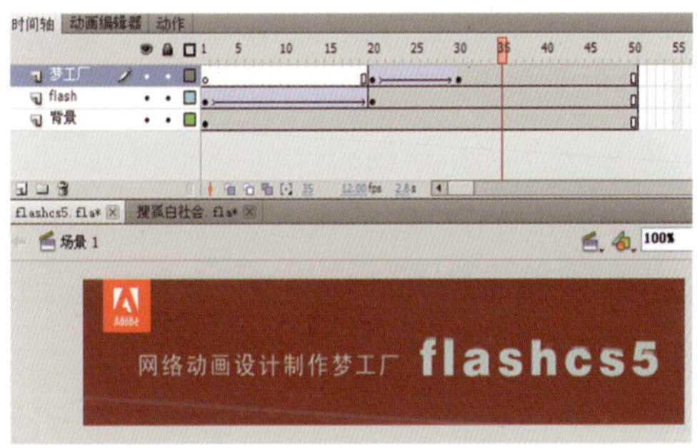

图1–12

⑪ 执行“文件”>“导出”>“导出影片”命令，可以导出为可在网站页面中显示的SWF格式的文件。将文件保存在本地磁盘文件夹中，也可以放置在网站站点文件夹中供网站建设使用，如图1-13所示。现在可以打开文件看看劳动成果了。

图1–13

1.1.2 简单动画项目知识点

实训项目一中制作了一个在互联网中常见的动画形式的banner广告。使用Flash软件制作动画banner广告特别适用于互联网，因为它的文件非常小，满足了网络快速传播的需求。Flash 是通过广泛使用矢量图形做到这一点的。与位图图形相比，矢量图形需要的内存和存储空间小很多，因为它们是以数学公式而不是大型数据集来表示的。位图图形之所以更大，是因为图像中的每个像素都需要一组单独的数据来表示。同时，在Flash软件中还可以添加图片、声音、视频和特殊效果，构建包含丰富媒体的Flash应用程序。

Flash软件同时集合了ActionScript代码，可用于向文档中的媒体元素添加交互式内容，从而制作各种交互产品，例如产品展示系统、交互Flash网站、课件演示系统及相关游戏产品等。

1.1.3 简单动画项目进阶练习：文字动画制作

要求：

① 应用Flash CS5软件，以自己的名字为内容制作一个简单的文字动画。

② Flash文件大小为550像素×120像素，背景和文字颜色可以自己设定，大小不限。

③ 制作一个将文字从左边移动到右边，再从右边移动回去的动画。

1.2 实训项目二 工作界面操作

项目分析：

要使用Flash创建动画，首先要认识它的工作环境，了解一些基本的概念和常用的界面操作方法，如舞台、图层、时间轴、帧与关键帧等。

项目制作：

启动Flash，在“开始”页中选择“ActionScript 3.0”，就可进入Flash的工作环境，即如图1-14所示的工作界面。Flash的工作界面主要有舞台、主工具栏、工具箱、时间轴、属性面板和多个控制面板等几个部分。

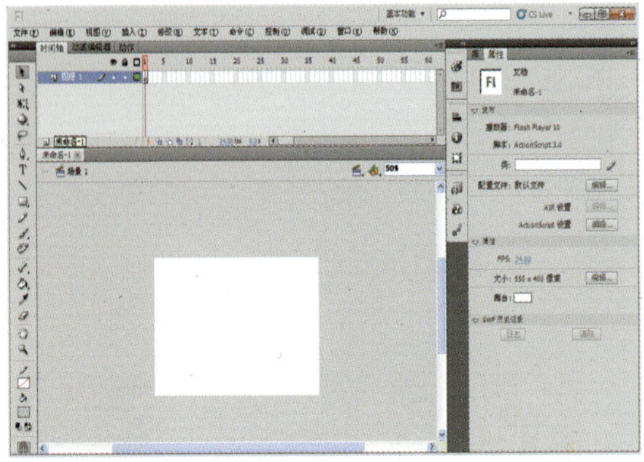

图1-14

1.2.1 使用时间轴

时间轴用于组织和控制文档内容在一定时间内播放的图层数和帧数。与幻灯片一样，Flash 文档也将时长分为帧。图层就像堆叠在一起的多张幻灯片一样，每个图层都包含一个显示在舞台中的不同图像。时间轴的主要组件是图层、帧和播放头，如图1-15所示。

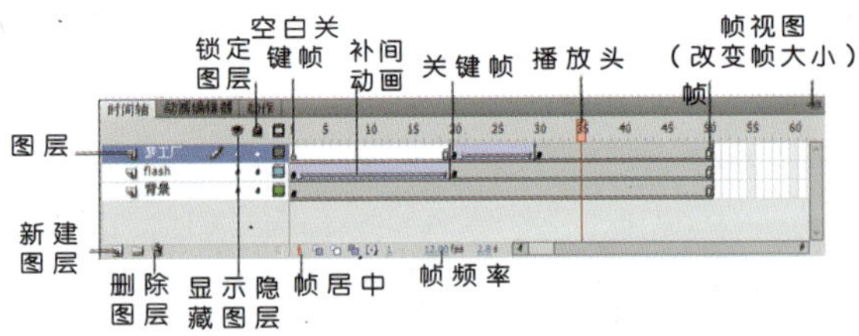

图1-15

时间轴的图层部分包括图层名称以及“图层的显示或隐藏”、“将图层显示为轮廓”、“新建图层”、“新建文件夹”和“删除图层”等工具。

时间轴的“帧”部分主要包括“帧居中”、“绘图纸外观”、“绘图纸外观轮廓”、“编辑多个帧”、“修改绘图纸标记”等工具。其中，“绘图纸外观”可以对多个帧进行编辑和浏览，也可以对选中的单个帧进行编辑和浏览，但一定要在选择绘图纸外观的时候使用；“绘图纸外观轮廓”显示各帧图形的轮廓线；“编辑多个帧”是个重点工具，可以同时修改每个帧上的内容，进入多帧编辑状态；“修改绘图纸标记”结合“绘图纸外观”工具运用，控制开始帧和结束帧的范围。

下面介绍几种类型的帧。

（1）帧

快捷键F5。帧是Flash动画的基本组成单位，出现在时间轴上面的每个小格子都称为帧。

（2）关键帧

快捷键F6。关键帧在动画中起着决定性作用。Flash 可以在定义的关键帧之间自动填充帧或创建补间，从而生成流畅的动画。使用关键帧可以不用画出每个帧就生成动画，所以使创建动画变得更加轻松。同时，还可以通过在时间轴中拖动关键帧的位置来轻松地更改补间动画的长度。但在制作动画的过程中应尽可能地节约关键帧的使用，以减小动画文件的体积。

（3）空白关键帧

快捷键F7。在一个关键帧里面什么对象也没有添加，这种关键帧称为空白关键帧。空白关键帧以空心圆点表示，可以包含 ActionScript 代码以控制时间轴的某些操作。

（4）过渡帧

两个关键帧之间的部分就是过渡帧，它们是起始关键帧动作向结束关键帧动作变化的过渡部分。在进行动画制作过程中，不必理会过渡帧的问题，只要定义好关键帧以及相应的动作就行了。

常用的帧操作有：

①在同一层中，在一个关键帧的后面任一帧处插入关键帧，是复制前一个关键帧上的对象，可对其进行编辑操作；

② 插入普通帧，是延续前一个关键帧上的内容，不可对其进行编辑操作；

③ 插入空白关键帧，可清除该帧后面的延续内容，可以在空白关键帧上添加新的实例对象。

1.2.2 使用图层

图层就像透明的醋酸纤维薄片一样，在舞台上一层层地向上叠加。图层可以组织文档中的插图，可以在一个图层上绘制和编辑对象，而不会影响其他图层上的对象。如果一个图层上没有内容，那么就可以透过它看到下面的图层。要绘制、上色或者对图层或文件夹进行修改，需要在时间轴中选择该图层以激活它。时间轴中的图层或文件夹名称旁边的铅笔图标表示该图层或文件夹处于活动状态。一次只能有一个图层处于活动状态。

使用特殊的引导层可以使绘画和编辑变得更加容易，而使用遮罩层可以创建复杂的效果，如图1-16所示。

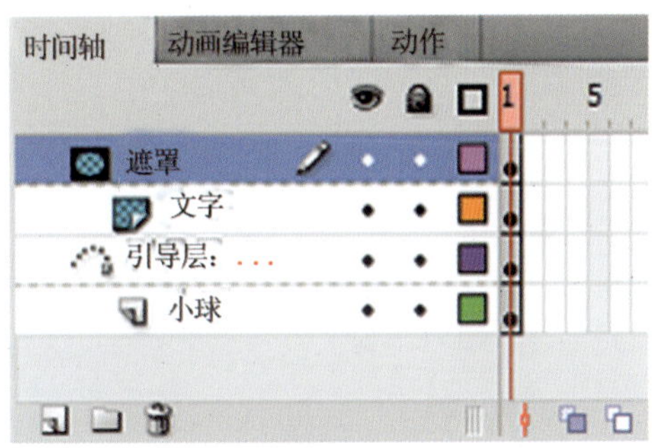

图1–16

1.2.3 使用舞台

舞台是创建 Flash 文档时放置图形内容的矩形区域，这些图形内容包括矢量插图、文本框、按钮、导入的位图图形或视频剪辑等。Flash 创作环境中的舞台相当于 Macromedia Flash Player 或 Web 浏览器窗口中在回放期间显示 Flash 文档的矩形空间，可以在工作时放大和缩小它来更改舞台的视图。如图1-17所示。

Flash文档在新建文件时修改其文件大小。执行“修改”>“文档”命令，在弹出的对话框中设置文档的大小和帧频率（Flash CS5默认为24）。文件大小修改后，在动画制作过程中

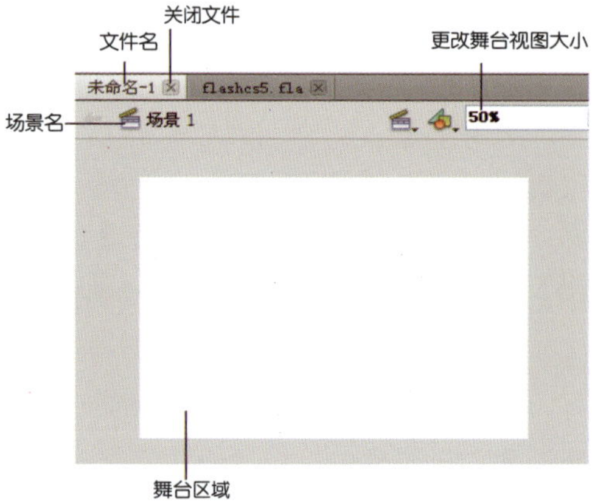

图1-17

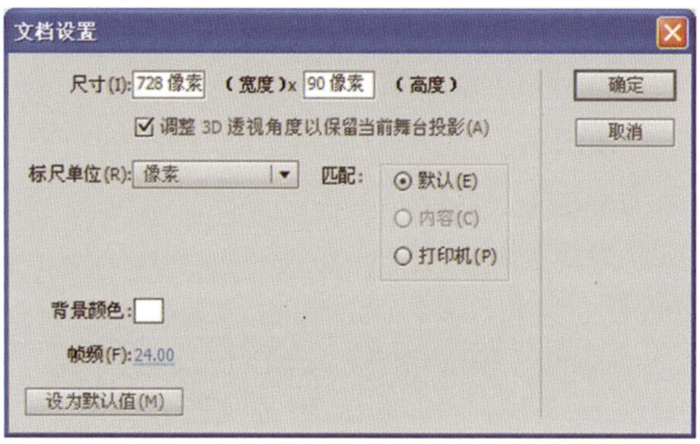

图1-18

就不能再改变了，特别是在Flash网络广告设计中。如图1-18所示。

1.2.4 使用网格、辅助线和标尺

Flash 可以显示标尺和辅助线，以帮助您精确地绘制和安排对象。可以在文档中放置辅助线，然后使对象贴紧至辅助线；也可以打开网格，然后使对象贴紧至网格。

① 执行“视图”>“标尺”命令，标尺将显示在文档的左沿和上沿，如图1-19所示。在显示标尺的情况下，可以在舞台中拖出辅助线，来帮助您清晰地看出对象的大小和对齐方式。

② 执行“视图”>“网格”>“显示网格”命令，网格将显示在舞台上；也可执行“视图”>“贴紧”>“贴紧至网格”命令，将对象与网格对齐；还可执行“视图”>“网格”>“编辑网格”命令来修改网格大小和网格线颜色。如图1-20所示。

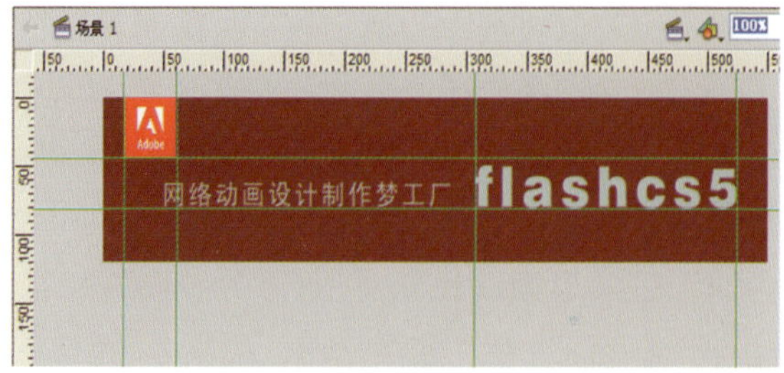

图1-19

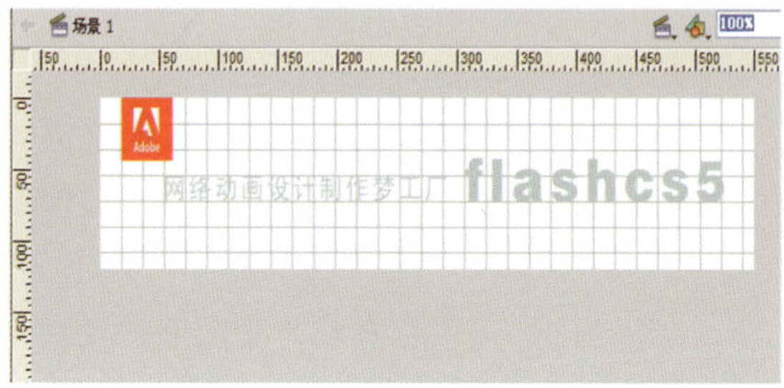

图1-20

1.2.5 使用“库”面板

“库”面板是存储和组织在 Flash 中创建的各种元件的地方，它还用于存储和组织导入的文件，包括位图图形、声音文件和视频剪辑。“库”面板使您可以组织文件夹中的库项目，查看项目在文档中使用的频率，并按类型对项目排序。

① 执行“窗口”>“库”命令，可以将“库”面板调出到面板组中，如图1-21所示。

② 点击 （新建元件）按钮，可以创建

图1-21

元件。Flash动画制作过程中很多时候用到元件创建，创建方法及每种类型元件的使用方法将在后边的章节中详细讲解。点击 （删除）按钮，可以删除“库”面板中任何形式的元件。

③“库”面板中不同元件的显示图标不尽相同。例如 为“影片剪辑”图标， 为“按钮”图标， 为“图形”元件图标， 为“位图”图形图标等。

1.2.6 使用“动作”面板

“动作”面板可以使您创建和编辑对象或帧的 ActionScript 代码。选择帧、按钮或影片剪辑实例可以激活“动作”面板。根据所选的内容，“动作”面板标题会变为“按钮动作”、“影片剪辑动作”或“帧动作”。

执行“窗口”>“动作”命令（快捷键F9），如图1-22所示。

图1-22

Flash CS5 提供了ActionScript 3.0 版本程序，它是一种强大的、面向对象的编程语言，可以制作出极富感染力的 Web 内容。组件是制作这些内容丰富的 Internet 应用程序的构建块。使用组件可以轻松而快速地构建功能强大且外观和行为一致的应用程序，其应用方法将在后边的章节中详细介绍。

1.2.7 使用“属性”检查器

使用“属性”检查器可以很容易地访问舞台或时间轴上当前选定项的最常用属性，从而简化文档的创建过程。可以在“属性”检查器中更改对象或文档的属性，而不用访问用于控制这些属性的菜单或面板。根据当前选定的内容，“属性”检查器可以显示当前文档、文本、元件、形状、位图、视频、组、帧或工具的信息和设置。当选定了两个或多个不同类型的对象时，“属性”检查器会显示选定对象的总数。

执行“窗口”>“属性”命令（快捷键Ctrl+F3），选择舞台中的任何一个对象，在“属性”检查器中会显示不同的内容。选择图形时，“属性”检查器如图1-23所示。

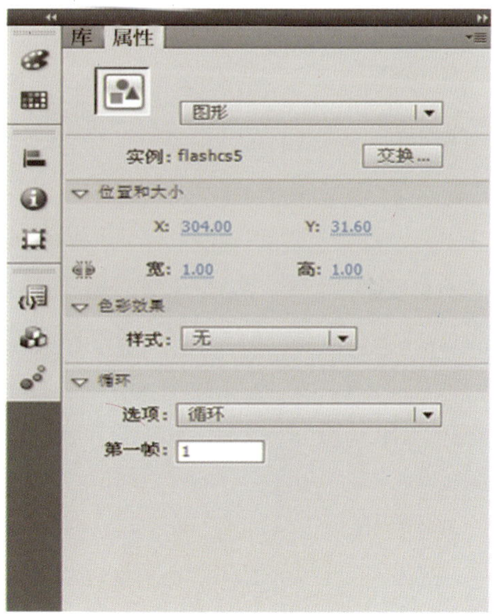

图1-23

第2章　绘制图形

2.1　实训项目一　绘制规则图形

项目分析：

花朵图形效果如图2-1所示。可以看出，花朵形状是通过重复复制一个由黄色到红色渐变的椭圆图形而生成的。通过使用Flash提供的绘图工具，如椭圆工具、矩形工具、多角星形工具等，结合渐变填充颜色工具和变形工具，可以绘制出漂亮的渐变花朵形状。

图2-1

2.1.1　绘制规则图形项目制作

① 新建文件，执行“文件”>“新建”命令，弹出“新建文档”对话框，选择“常规类型”下的“ActionScript 3.0”，点击“确定”，即可创建一个新Flash文档。执行“修改”>“文档”命令，将文档改为宽度为550像素，高度为300像素的文件。如图2-2所示。

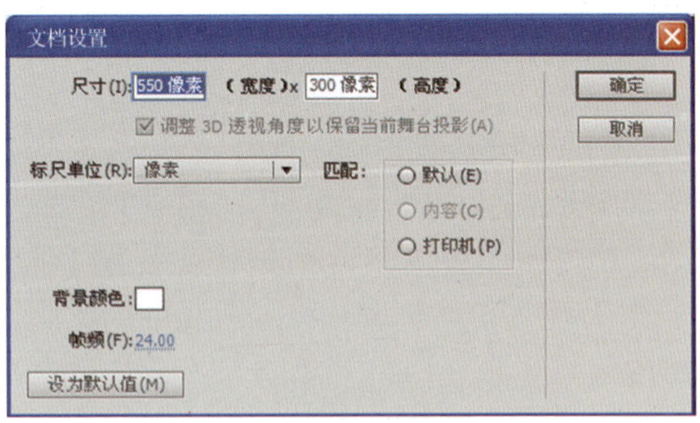

图2-2

② 在“工具”面板中选择（椭圆工具），分别在“工具”面板中设定（边框颜色）为透明，（填充颜色）为红黑渐变，在舞台中绘制椭圆，如图2-3所示。

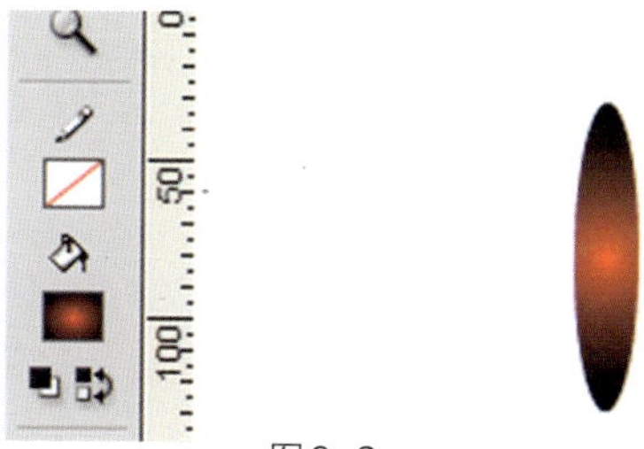

图2-3

③ 选择（选择工具），点击舞台中的椭圆图形将其选中，然后点击面板工具中的（颜色面板），在弹出的面板中改变渐变填充的黑色为黄色，如图2-4所示。

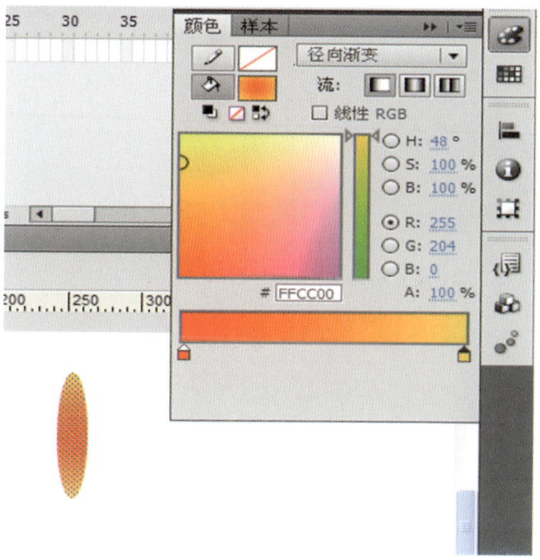

图2-4

④ 选择（渐变变形工具）改变填充在椭圆上的渐变颜色，分别拖动箭头改变圆环大小、位置和形状来改变填充颜色，如图2-5所示。

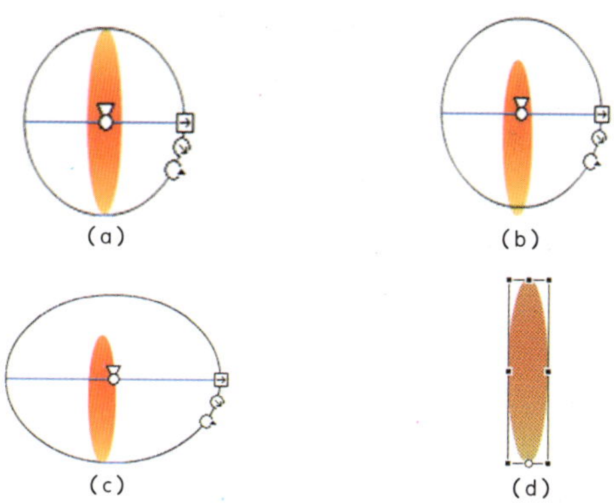

图2-5

⑤ 使用（放大镜工具）将舞台中的椭圆放大，并将（变形工具）里的“旋转”设定为15°。点击（重置选区和变形工具）12次，绘制出以中心点为中心的12个同样的椭圆，如图2-6所示。

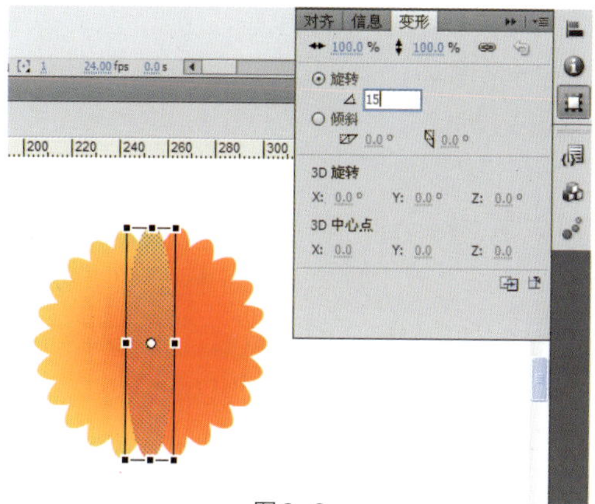

图2-6

最终效果如图2-1所示。

2.1.2 绘制规则图形项目知识点

（1）（选择工具）的使用

“选择工具”主要用来选取对象，并对该对象进行操作，如删除、移动等。

（2）椭圆和圆形的绘制方法

绘制椭圆时，按住Shift键拖动，可以将形状限制为正圆形；按住Alt键，则以当前点为中心绘制椭圆。绘制正方形与绘制圆形的方法相同。

（3）（多角星形工具）的使用

“多角星形工具”平时隐藏在“矩形工具”后面，其使用与椭圆工具和矩形工具基本一样。只是在需要调整多边形的边数和绘制星形时，要先单击“属性”面板上的“选项”。

（4）（渐变变形工具）的使用

使用“渐变变形工具”，可以调整渐变填充和位图填充的大小、方向和中心。使用“渐变变形工具”，在渐变填充或位图填充上单击，可看到渐变填充上出现调整框。选择和移动中心点手柄，可以调整渐变的中心点；单击并移动方形手柄，可以调整渐变的宽度；单击并移动边框边缘中间的手柄图标，可以调整渐变的大小；单击并移动边框边缘底部的手柄，可以调整渐变的旋转。

（5）（放大镜工具）的使用

选择“放大镜工具”，点击鼠标左键，可以放大场景以及里面的对象；如果想缩小，按住Alt键的同时单击鼠标左键。也可以按住鼠标左键拖动，将需要放大的部分框住，然后松开鼠标。

（6）（颜色面板）的使用

应用“颜色面板”添加渐变颜色，在“类型”下拉列表框中选择一个渐变类型。“线性”渐变产生一个从起始点到终点沿直线逐渐变化的渐变；“放射状”渐变产生一个从中心焦点出发沿环形轨道混合的渐变。

当对象的颜色被设置为渐变色后，一般情况下都需要对渐变色进行编辑。编辑渐变色的方法如下：

① 要更改渐变中的颜色时，选择渐变定义栏下面的某个颜色指针，然后在直接出现于渐变栏正下方的颜色空间中双击；或者双击颜色指针，在弹出的“颜色面板”中选择颜色。

② 要向渐变中添加指针时，单击渐变定义栏或渐变定义栏的下方。

③ 要重新放置渐变上的指针时，沿着渐变定义栏拖动指针。要删除它时，将指针向下拖离渐变定义栏。

④ 要保存渐变色时，在混色器右上角的“选项”菜单中选择“添加样本”。

2.1.3 绘制规则图形项目进阶练习：绘制花瓶

要求：

① 使用椭圆、矩形、多角星形等工具，绘制规则的花瓶图形。

② 对花瓶添加不同的渐变颜色，色调整体要协调稳重。

③ 使花瓶各部分绘制细腻生动、造型优美。

2.2 实训项目二　不规则人物图形绘制

项目分析：

现在使用Flash绘图工具来绘制一个偏写实的人物图形。图形采用类似版画效果的风格，所以图形中的很多线条都是使用“刷子工具”绘制的粗糙线条。关于图形中人物的形体和颜色，通常先使用“钢笔工具”、“铅笔工具”绘制出人物各部分的轮廓线，然后使用部分选取工具调整轮廓线位置，直到符合人物造型为止，最后使用“颜料桶工具”填充颜色，在这个实例中主要使用到红色、绿色和黑色等视觉冲击力强的颜色。整个人物的绘画过程三分在画七分在修，对细节的修饰调整是图形绘制过程的一个很重要的环节。

在Flash绘画前，通常要先绘制好草稿，然后将草稿导入到舞台中作为Flash绘画的参考图形，这样可以提高绘画效率，也可以使绘画人物更加生动，增强画面的艺术感染力。

效果图如图2-7所示。

图2-7

2.2.1 不规则人物图形绘制项目制作

① 新建文件，执行“文件”>“新建”命令，弹出“新建文档”对话框，点击“确定”，

即可创建一个新Flash文档。执行“修改”>“文档”命令（或按住Ctrl+J快捷键），打开“文档设置”对话框，设置相关参数，尺寸宽度为550像素，高度为400像素，背景颜色为白色，单击“确定”按钮，如图2-8所示。

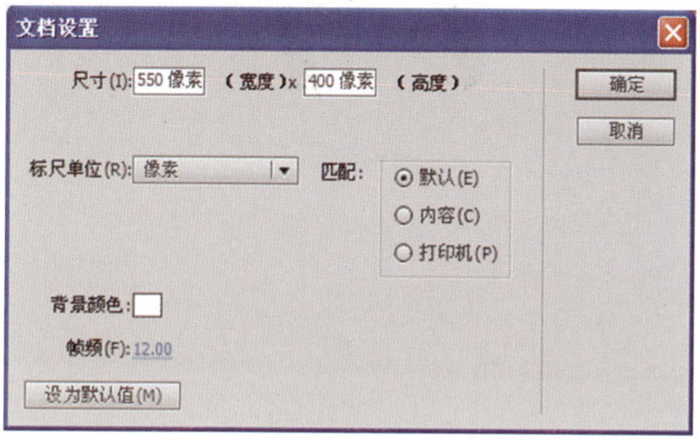

图2-8

② 执行“文件”>“导入”>“导入到舞台”命令，将素材文件“第2章/人物头像.gif”图片导入舞台，将“图层1”命名为“参考”，如图2-9所示。

图2-9

③ 选中舞台上的头像图形，执行“修改”>“转换为元件”命令（或按F8快捷键），在弹出的对话框中设置，如图2-10所示。

④ 选中舞台上的“头像”图形元件，设置“属性”栏中图形元件颜色的Alpha值为20%（如图2-11所示），将图形元件的透明度降低，以便“参考”使用的图形不与绘制的图形相混淆，并将“参考”图层锁定。

图2-10

图2-11

⑤ 点击（新建图层）按钮，新建一个图层，命名为“头发”，使用（刷子工具）根据“参考”图形中头发的形状，调整“刷子工具”的大小绘制出头发的形状。如图2-12所示。

图2-12

⑥ 点击（新建图层）按钮，新建一个图层，命名为“脸”，使用（钢笔工具）根据“参考”图形中脸部的轮廓形状，绘制出脸部轮廓图形。并使用（部分选取工具）调整轮廓线的形状，尽可能使绘制的轮廓线和人物脸部形状能够吻合。如图2-13所示。

⑦ 设置填充颜色为皮肤颜色#FFCC99，使用（颜料桶工具）给轮廓线填充颜色，并将“脸”图层放在最底层，如图2-14所示。

⑧ 选中脸部露在头发外边的轮廓线，设置其“属性”的“笔触高度”值为2。执行“修改”>“形状”>“将线条转换为填充”命令，

图2-13

图2-14

再执行“修改”>“形状”>“优化”命令，可以将轮廓线转换为粗细不等的填充颜色。如图2-15、图2-16所示。

图2-15

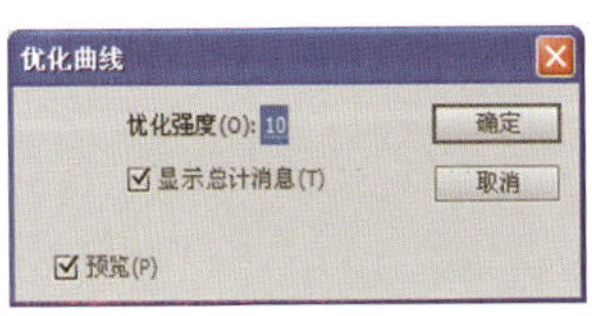

图2-16

⑨ 点击 (新建图层) 按钮，新建一个图层，命名为“眼睛”，使用 (刷子工具) 根据“参考”图形中眼睛眉毛的形状，调整“刷子工具”的大小绘制出眼睛和眉毛的形状。在绘制过程中要参考图形中眼睛的形状，但是在局部细节部位如眼睛高光、眼角等可以作适当的调整，直到满意为止。这样可以使绘制出的人物眼睛更有神，更符合画面的整体风格。如图2-17所示。

图2-17

⑩ 点击 (新建图层) 按钮，新建一个图层，命名为“鼻子”。使用 (刷子工具) 根据“参考”图形中鼻子的形状，特别是鼻翼转折处线条的粗细变化，通过调整“刷子工具”的大小绘制出鼻子的形状，如图2-18所示。

图2-18

⑪ 点击 (新建图层) 按钮，新建一个图层，命名为“嘴”。嘴算是比较好表现的一个部位，特别是在这个人物绘画中，几根简单的线条就可以完成。使用 (铅笔工具) 根据“参考”图形中嘴的形状，调整“铅笔工具”的粗细绘制出嘴的形状，如图2-19所示。

⑫ 点击 (新建图层) 按钮，新建一个

图2-19

图层，命名为“耳朵”，使用（刷子工具）根据“参考”图形中耳朵的形状，调整“刷子工具”的大小绘制出耳朵的形状。并使用（颜料桶工具）填充颜色为皮肤颜色#FFCC99，然后将“耳朵”图层拖放到“头发”图层下边。添加脸部线条，颜色值为#C28649。如图2-20所示。

图2-20

⑬ 点击（新建图层）按钮，新建四个图层，分别命名为“衣服1”、“衣服2”、“衣服3”、“衣服4”，分别在这四个图层上使用（铅笔工具）绘制出衣服的轮廓线，如图2-21所示。

⑭ 给图层“衣服1”、“衣服2”、“衣服3”、“衣服4”分别填充颜色为#336600，并使用（刷子工具）描绘出每一个图层的轮廓线，使其

图2-21

图2-22

线条有一种粗糙的感觉，如图2-22所示。

⑮ 点击（新建图层）按钮，新建一个图层，命名为“脖子”。使用（钢笔工具）根据“参考”图形中脖子的轮廓形状，绘制出脖子的轮廓图形，填充颜色为#C28649。使用（钢笔工具）绘制出脖子下边内衣的轮廓图形，填充颜色为#CC0000,并将“脖子”图层放置在图层的最底端。然后使用（刷子工具）描绘出喉结线条。如图2-23所示。

⑯ 点击（新建图层）按钮，新建一个图层，命名为“红色”，使用（矩形工具）绘制一个矩形，属性设置为宽550像素、高400像素、X轴和Y轴值都为0，颜色填充为#CC0000，如图2-24所示。将“参考”图层隐

图2-23

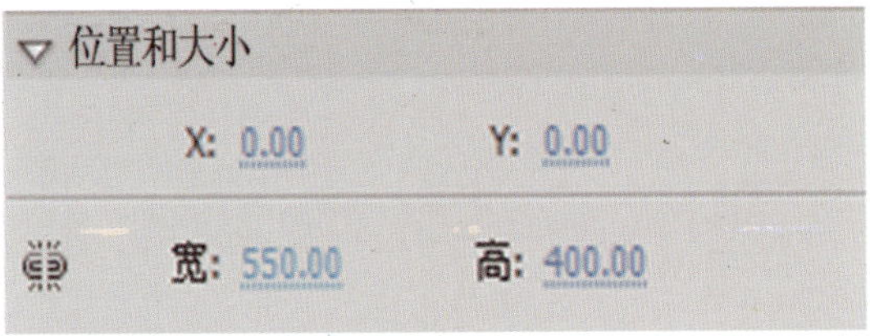

图2-24

图2-25

藏，如图2-25所示。

2.2.2 不规则人物图形绘制项目知识点

（1）（部分选取工具）的使用

“部分选取工具”可以用来选择、移动和改变图形的边框和路径。使用“部分选取工具”选中路径后，可以对其中的锚点进行移动和修改。

（2）（铅笔工具）的使用

要绘制线条和形状，可以使用“铅笔工具”，绘画的方式与使用真实铅笔大致相同。要在绘画时平滑或伸直线条和形状，可以给“铅笔工具”选择一种绘画模式。

“工具”面板“选项”中的铅笔模式包括伸直、平滑和墨水三种。其中，使用“伸直”可以绘制直线，并将接近三角形、椭圆、圆形、矩形和正方形的形状转换为这些常见的几何形状；使用“平滑”可以绘制平滑曲线；使用“墨水”可以绘制不用修改的手画线条。

（3）（钢笔工具）的使用

使用“钢笔工具”可以绘制精确的线条，包括直线和曲线。

（4）（刷子工具）的使用

“刷子工具”能绘制出刷子般的笔触，就像在涂色一样。它可以让用户创建特殊效果，包括书法效果。

“刷子工具”的“选项”设置如图2-26所示。

使用“刷子工具”时，首先在“选项”中选择合适的大小和刷子形状；其次要选择合适的“刷子模式”，如图2-27所示。在“刷子工具”的“选项”中提供了标准绘画、颜料填充、后面绘画、颜料选择、内部绘画等5种模式。

图2-26

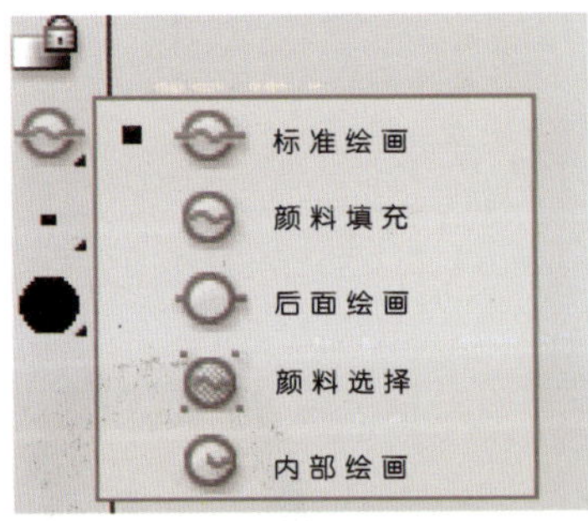

图2-27

标准绘画：可对同一图层的线条和图像填充涂色。

颜料填充：可对填充区域和空白区域涂色，不影响线条。

后面绘画：在舞台上同一层的空白区域涂色，不影响线条和填充。

颜料选择：当在“填充”功能键或“属性”检查器的“填充”框中选择填充时，“颜料选择”会将新的填充应用到选区中。

内部绘画：对开始刷子笔触时所在的填充

进行涂色，但不对线条涂色。这种做法很像一本智能色彩书，不允许在线条外面涂色。如果在空白区域中开始涂色，该填充不会影响任何现有填充区域。

2.2.3 不规则人物图形绘制项目进阶练习：女孩人物绘制

要求：

① 根据素材文件“第2章/女孩.tif”这张人物形象草图，绘制出一个青春靓丽的女孩图像。

② 使用钢笔工具、铅笔工具、刷子和填充工具将草图再现在舞台上。

③ 绘制的形象要逼真，添加合适的色彩，色调和谐，使女孩形象更加生动活泼。

④ 舞台大小为550像素×300像素，绘制时可以添加相关图层。

2.3 实训项目三 渐变特效文字制作

项目分析：

文字和图形对象一样，也是Flash动画中非常重要并且广泛运用的一种对象。独具匠心的文字设计以及文字动画设计同样会给Flash动画作品增色不少。

文字在日常生活中有着重要的作用。在Flash动画中，文本是一种非常重要的元素，它不仅能够方便快捷地传递各种信息，而且具有与前面推荐的对象不尽相同的属性和编辑方法，可以制作出具有很强感染力的各种特效。因此熟练掌握文本在Flash中的使用非常重要。

本实训项目制作过程中主要使用了“渐变填充”等工具，通过简简单单的几样工具便创造出了漂亮的金属效果。难点在于图形、色彩的编辑技巧和填充工具的使用。

项目效果图如图2-28所示。

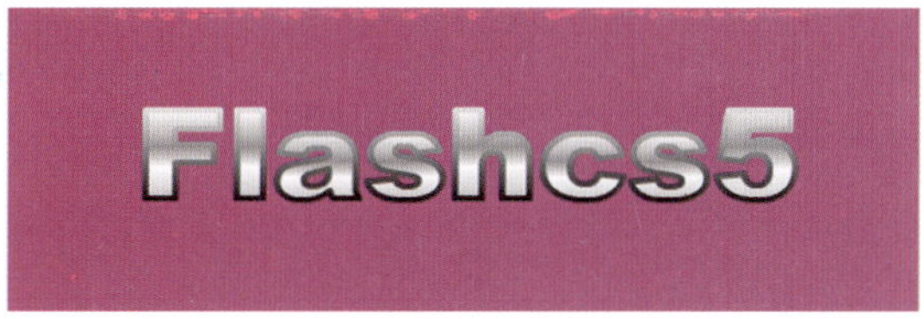

图2-28

2.3.1 渐变特效文字项目制作

① 启动Flash软件，新建一个文件，设置其尺寸为550像素×200像素，背景颜色为#CC0099，帧频为默认。如图2-29所示。

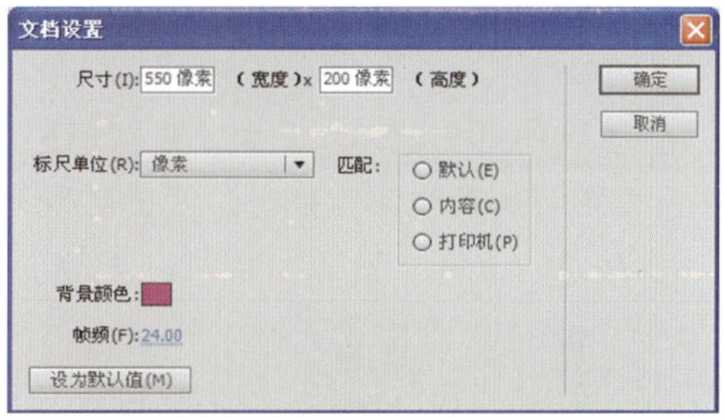

图2-29

② 选择 T （文本工具），并在文本“属性”面板中设置相关属性，设置其字体为Arial，样式为Black，文本大小为82，文本颜色为＃FFFFFF，如图2-30所示。在舞台中输入“Flashcs5”，当然也可以输入其他文字。

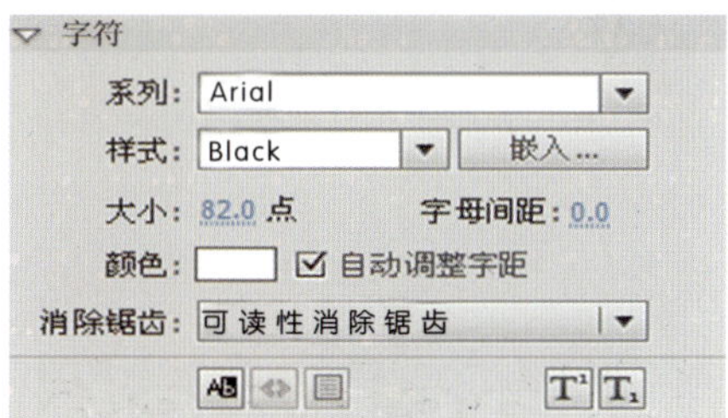

图2-30

③ 选中文字，执行“修改”>“分离”命令或使用快捷键Ctrl+B，将文字打散成单个文字，如图2-31所示。Flash中对文字个数大于1的文字对象进行分离操作时，一次分离操作只能将各个文字独立出来。要将文字打散为色块，必须再次执行“修改”>“分离”操作才行，这时文字上面会出现白色的小点，如图2-32所示。

图2-31

图2-32

④ 选择（墨水瓶工具），在“属性”面板中，设置其轮廓线条为黑色，线条类型为实线，线条宽度为4，如图2-33所示。然后在“工作区”上依次点击这几个字符，为它们加上边框，效果如图2-34所示。

图2-33

图2-34

⑤ 选中文字中白色的部分，执行“修改”>“转换为元件”命令（或直接按F8快捷键），打开“转换为元件”对话框，将选中的区域转换为图形元件，并为其命名为“白色”，如图2-35所示。然后按Delete键，将刚生成的“白色”图形元件删掉，这时将只剩下黑色的轮廓线条，如图2-36所示。

图2-35

图2-36

⑥ 执行“编辑”>“全选”命令（或直接按Ctrl+A键），选中所有轮廓线条。然后执行“修改”>“形状”>“将线条转换为填充”命令，将轮廓线条轮换为填充格式。线条转填充后的效果如图2-37所示。

图2-37

⑦ 选择（颜料桶工具），将填充色设定为黑白渐变填充，再使用“颜料桶工具”从上至下进行填充，然后使用（渐变变形工具），调整渐变填充，得到上白下黑的渐变效果，如图2-38所示。

⑧ 执行“修改”>“转换为元件”命令，

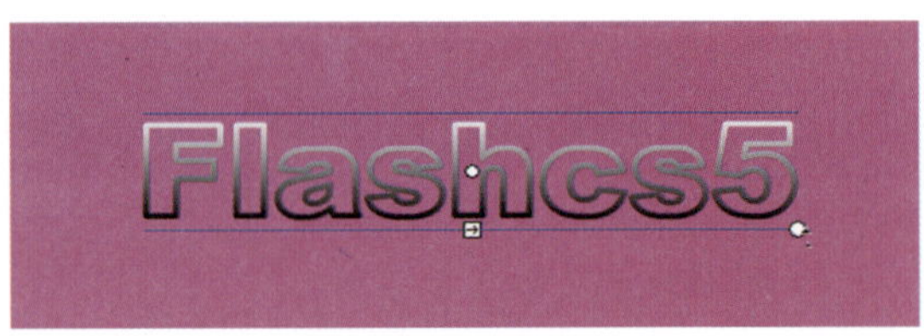

图2-38

打开“转换为元件”对话框，将画好的渐变边框转化为图形元件，并为其命名为“边”，双击“库”面板中的“白色”图形元件，进入到编辑“白色”元件的状态。然后执行“窗口”>“混色器”命令（或直接按Shift+F9键），打开“颜色”面板。将填充方式设定为“线性渐变”填充，在下面的渐变色条上加上5个色彩指针。五个指针的颜色从左到右依次为#CCCCCC、#FFFFFF、#999999、#CCCCCC和#FFFFFF，如图2-39所示。

图2-39

⑨ 参照第⑦步“边框”渐变填充的添加方法，对“白色”元件中的文字应用新调好的渐变色，将“白色”元件从“库”面板中拖放到舞台中它原来的位置上来。如图2-28所示。

2.3.2 渐变特效文字制作项目知识点

（1）Flash中文本的三种类型

在Flash中，文本被分成静态文本字段、动态文本字段和输入文本字段三种类型。其中，静态文本字段显示不会动态更改字符的文本；动态文本字段显示动态更新的文本，如体育得分、股票报价或loading载入动画百分比显示文字等；输入文本字段可以使用户将文本输入到表单或调查表中。

（2）在文本框中输入文本的方法

在文本框中输入文本的方法是：使用“文本工具”，在工作区中按下鼠标从左向右拖动，确定文本的宽度，然后输入文本。这种方法主要使用在段落文字中。

（3）（墨水瓶工具）的使用

“墨水瓶工具”主要用来填充笔触颜色，用于更改图形对象的笔触或边框的颜色。包括线条工具、铅笔工具、钢笔工具绘制的线条以及椭圆工具、矩形工具等绘制的图形的边框。

2.3.3 渐变特效文字制作项目进阶练习：制作彩虹文字

要求：

① 文字使用汉字“彩虹文字制作”为内容，字体设定为黑体，大小根据舞台大小调整。

② 字体的边框和文字填充颜色分离，分别填充为彩虹色。

③ 彩虹色的颜色数量不少于9种，渐变均匀，层次感强，视觉效果突出。

2.4 实训项目四 位图导入编辑

项目分析：

前边几个项目中介绍了使用Flash提供的工具可以绘制出各种各样的图形，但是在有些动画制作过程中，这些绘制的图形并不能满足设计的需要，比如一些写实人物的照片或是楼房天空背景等，这时就需要引入拍摄的照片作为背景或元件来使用。

在Flash软件中可以很简单地引入位图使用，并可以对位图进行简单的编辑处理。本项目通过导入天空图形编辑为舞台的背景，飞机图形转换为矢量的可以编辑的图形，来学习Flash中位图的使用方法。

2.4.1 位图导入编辑项目制作

① 启动Flash软件，新建文件，修改文档大小为550像素×300像素，背景色为白色，帧频率为24fps，双击“图层1”将其命名为“天空背景”，如图2-40所示。

图2-40

② 执行“文件”>“导入”>“导入到舞台”命令，选择素材“第2章/天空.jpg”文件，位图图形就会呈现在舞台中。在“属性”面板中设定图像的X轴和Y轴坐标为0，这时位图图形刚好遮盖住舞台，如图2-41和图2-42所示。这里需要导入的位图图形在导入前已经在Photoshop软件或Fireworks软件中设置好大小了。

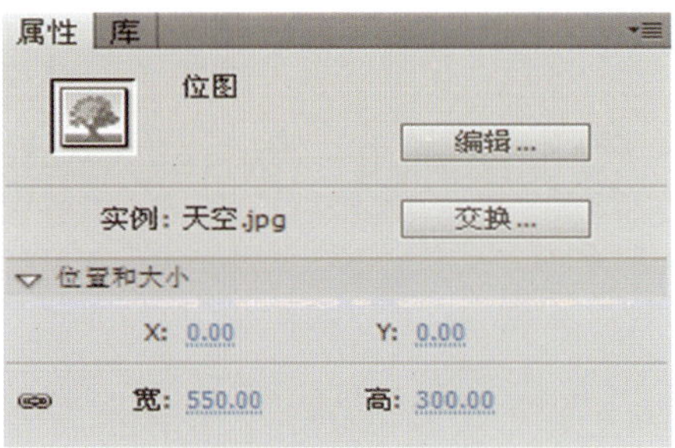

图2-41

图2-42

③在Flash软件中可以更改位图的大小，使用“变形工具”改变和调整位图的属性，如图2-43所示。将图形缩小50%，倾斜20°，如图2-44所示。这里也可以使用（任意变形工具）调整图形的大小和位置，但是“任意变形工具”容易将图形调整得扭曲变形，所以不

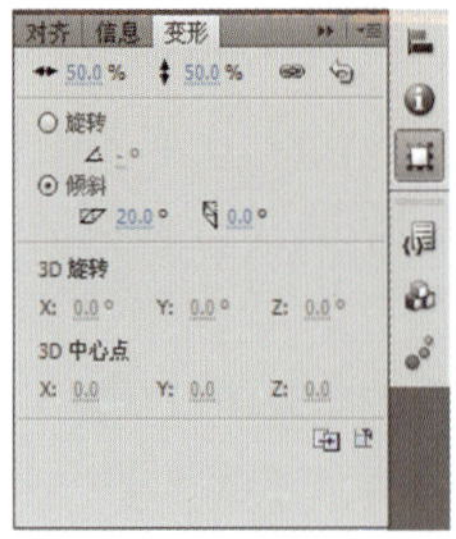

图2-43

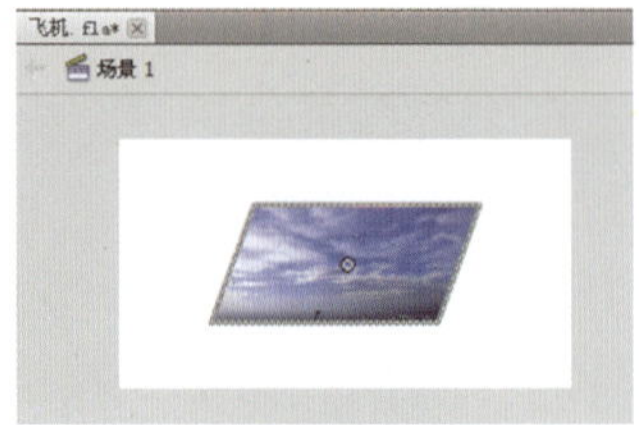

图2-44

推荐使用。

④ 要退回到未变形前图形的状态，可以连续点击Ctrl+Z键，直到舞台恢复到初始图形状态。将图层“天空背景”锁定，位图“天空”就可以作为背景使用了。

⑤ 执行“文件”>“导入”>“导入到库”命令，选择素材“第2章/飞机.jpg”文件，位图图形就被放置在“库”面板中了，如图2-45所示。

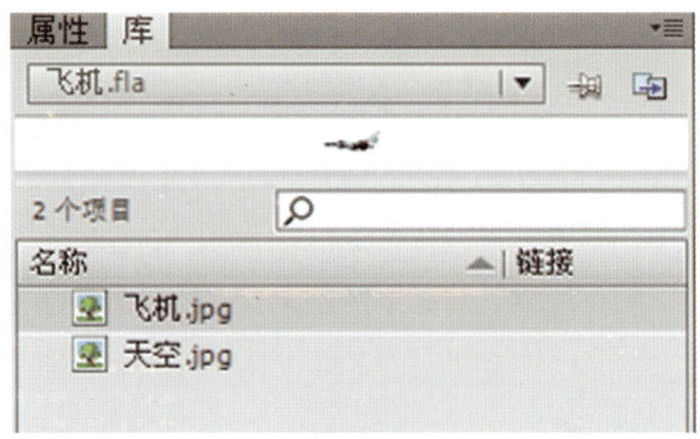

图2-45

⑥ 点击（新建图层）按钮，新建图层，命名为“飞机”，将“库”面板中的“飞机”图形拖放到舞台，如图2-46所示。

⑦ 这时候的飞机带有白色背景，并且图

图2-46

形比舞台背景大很多，而这里需要的是一个没有背景的在天空中飞翔的飞机图形，因此要去除飞机图形的白色背景，并将其调整到合适大小。选择图形，执行“修改”>“分离”命令，将位图图形打散，这时在图形上出现白色点状图形，说明图形已经被打散了，然后使用“套索”工具，像在Photoshop中一样沿着飞机的边缘选取图形，然后拖动被选中的飞机，可以看到飞机和白色背景相脱离，如图2-47和图 2-48所示。

图2-47

图2-48

⑧ 使用“选择工具”选择白色背景部分，按Delete键将其删除，使用“变形工具”调整飞机图形大小，并放置在舞台中，如图2-49所示。

图2-49

⑨ 使用这种方法编辑的飞机图形不够完整，而且制作起来很困难。通常在设计过程中，先在Photoshop中将飞机图形的背景去除，保存为透明格式图形，再导入到Flash中使用。透明格式图形通常是gif格式或png格式，jpg格式不支持透明。执行“文件”>“导入”>“导入到库”命令，选择素材“第2章/飞机.gif”文件，位图图形就被放置在“库”面板中，同时删除“飞机”图层中的图形，将新的gif格式的飞机图形拖放到舞台上来，这时会发现图形没有白色背景，直接就是透明格式，调整大小如图2-50所示。

图2-50

⑩ Flash是一种基于矢量的图形软件，位图图形被导入进来后还可以将其矢量化(通过位图转换为矢量图的功能，可以做一些特殊的效果，如油画效果等)。选中“飞机”图形，执行“修改”>“位图”>“转换位图为矢量图”命令，在弹出的对话框中设定颜色阀值为10，最小区域为10像素，角阀值为一般，曲线拟合为紧密，如图2-51和图 2-52所示。

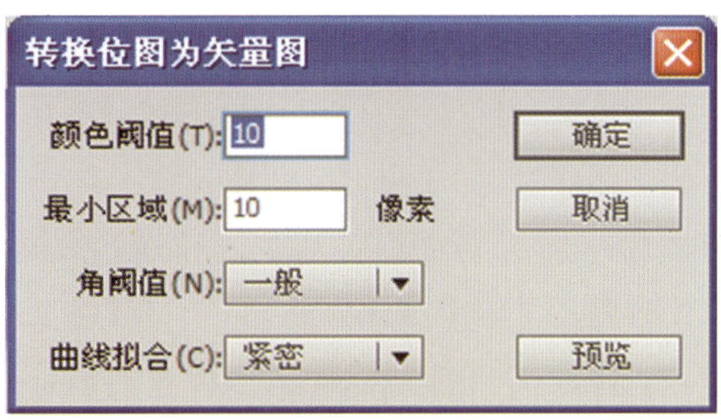

图2-51

图2-52

生成后的矢量图像颜色会有丢失，把“颜色阀值”和“最小区域”的值设低，“曲线拟合”和“角阀值”两项分别设置为“非常紧密”和“较多转角”，这样得到的图形文件颜色丢失会减少，转换出的画面也很精细，但是矢量图的体积会很大。

2.4.2 位图导入编辑项目知识点

（1）Flash可以导入的图像文件种类

Flash既可以导入矢量图形，也可以导入位图图像。用户可以在任意的动画中加入位图或者其他格式的外部图形文件。Flash可以导入的图像文件有以下几种。

① 位图：包括BMP格式的文件、扫描的照片，被导入成为当前层中的单一对象。

② 任意影像序列：GIF动画、PICT、JPE、SWF、WMF、TIF、PSD、PIC、PCT等。

③ FreeHand 或Adobe Illustrator、EPS 或PDF 文件：被导入为当前层中的群组。

④ JPEG文件：可以使用 LoadMovie 动作或方法在运行期间将 JPEG 文件载入到Flash 影片中。

（2）Flash导入位图前应进行图形编辑

对准备导入到Flash中的位图，在导入之前应该先用其他图形编辑软件进行编辑，目的是使导入后的图片就是最终在Flash中使用时的大小。这是因为：如果导入了一幅很大的位图，然后又进行了剪裁、缩放等操作，即使只使用了位图的很小一部分，最终文件的大小也不会有任何改变。位图导入后，如果只是把它作为背景使用，不需要很高的显示质量，可以考虑将位图转换为矢量图，这样通常可以减小文件的大小。

（3）不要在位图上进行的操作

不要在位图的上方进行Alpha补帧动画、形状补帧动画、渐变、蒙版等操作，虽然这样的组合视觉效果确实不错，但是会严重消耗系统资源。

2.4.3 位图导入编辑项目进阶练习：公路汽车位图编辑

要求：

① 将素材文件第2章中的“汽车.jpg”和“公路.jpg”图片导入到舞台，将两个位图编辑处理后合理地放置在同一个空间里。

② 汽车图像要退去背景，改变大小后放置在公路上，并将其转化为矢量图形，调整形状，使其更加符合场景的透视关系。

2.5 实训项目五 完整人物场景绘制

项目分析：

现在使用Flash绘图工具来绘制一个带有人物的场景图形。图形题材选取了动画短片《守株待兔》里边的一个场景，在图形元素和风格上都采用中国传统题材风格样式，特别是人物和云纹造型。

本实例在技术上并不难，主要是使用“铅笔工具”和“钢笔工具”将参考图形（位图图形）中的线条提取出来转化为矢量图，然后使用“颜料桶工具”为图形添加绚丽的色彩效果。只要理解它们的特性，结合“选择工具”、“任意变形工具”等工具和命令，即可在Flash中轻松地绘制图形。

整个场景图形的绘画过程三分在画七分在修，对细节的修饰调整是图形绘制过程的一个很重要的环节，特别是人物造型部分。细节的修改才能使人物更加符合其当时的性格，所以在绘图过程中灵活运用“部分选取工具”调整线条的轮廓图形是人物造型绘制的一个关键。

效果图如图2-53所示。

图2-53

2.5.1 完整人物场景绘制项目制作

① 新建文件，执行“文件”>“新建”命令，弹出“新建文档”对话框，点击“确定”，即可创建一个新Flash文档。如图2-54所示。

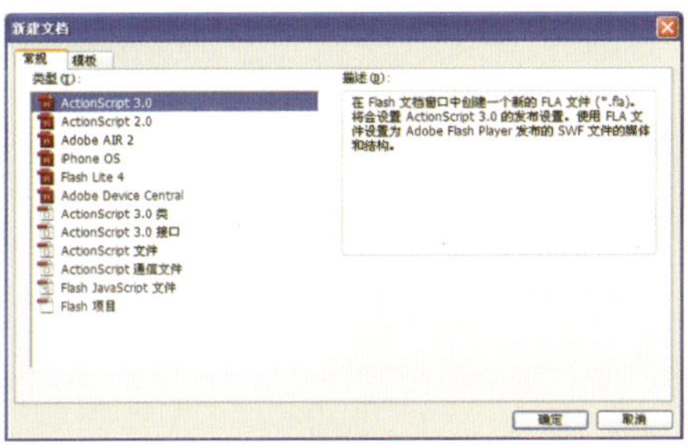

图2-54

② 执行“修改”>“文档”命令（或按住Ctrl+J快捷键），打开“文档设置”对话框，设置相关参数，尺寸宽度为600像素，高度为326像素，背景颜色为白色，帧频为12，单击“确定”按钮。如图2-55所示。

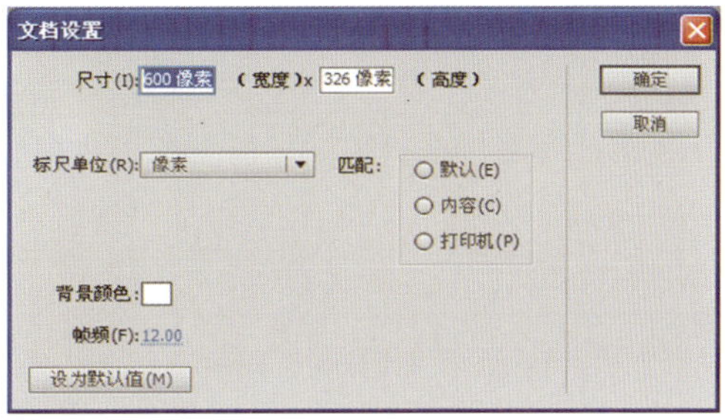

图2-55

③ 执行“文件”>“导入”>“导入到舞台”命令，将素材“第2章/守株待兔.jpg”图片导入舞台，将“图层1”命名为“参考”。如图2-56所示。

图2-56

④ 接下来将图形分成“天空”、“云彩”、“山脉”、“地”、“竹子”、“农夫”6个部分来分别绘制。首先点击（新建图层）按钮，新建一个图层，命名为“天空”，使用（矩形工具）根据“参考”图形的天空大小绘制一个矩形图形元件，填充颜色值为#BDD1CF，属性设置如图2-57所示。

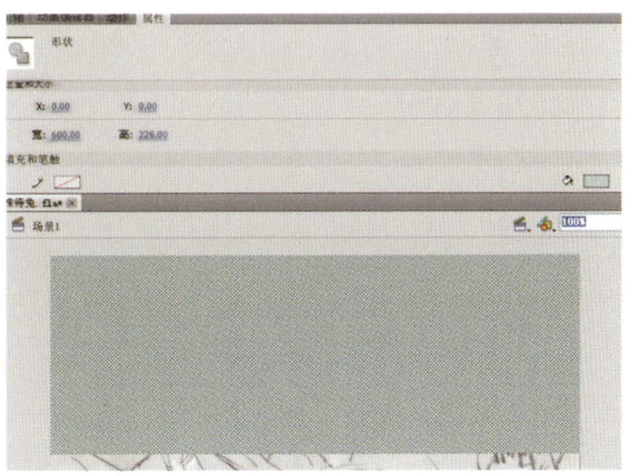

图2-57

⑤ 选中矩形图形，执行“修改”>“转换为元件”命令（或按F8快捷键），在弹出的对话框中设置（如图2-58所示）。并设置属性栏中图形元件颜色的Alpha值为40%，将图形元件的透明度降低，方便使用“参考”图形而

图2-58

图2-59

不遮挡后面要绘制的图形，并将“天空”图层锁定。如图2-59所示。

⑥ 点击 （新建图层）按钮，新建一个图层，命名为“云彩”，使用 （铅笔工具）根据“参考”图形云彩的形状，绘制出云彩图形。在绘制的过程中要适当修改草稿图形中的不完美之处，尽量使绘制出的云彩图形具有传统云纹的感觉，符合整体画面风格。如图2-60所示。

图2-60

⑦ 将工具栏中的 （填充色）调整为白色，使用 （油漆桶工具）分别给几个图形填充颜色，然后使用“选择工具”选择黑色线段，按Delete键删除，最后使用 （铅笔工具）根据云彩的动态绘制一些细小的线装饰云

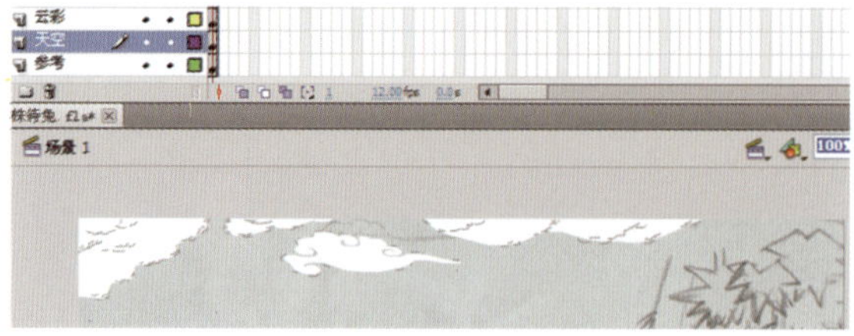

图2-61

彩，使其更加生动。如图2-61所示。

⑧ 点击 （新建图层）按钮，新建一个图层，命名为“山脉”，使用 （铅笔工具）根据“参考”图形中山脉的轮廓形状，绘制出山脉封闭图形。并使用 （部分选取工具）调整轮廓线的形状，尽可能使绘制的轮廓线与山脉形状吻合，填充颜色为#CCAD99。如图2-62所示。

图2-62

⑨ 选中“山脉”图形，执行“修改”>“转换为元件”命令（或按F8快捷键），在弹出的对话框中设置，如图2-63所示。并设置“属性”栏中图形元件颜色的Alpha值为40%。将图形元件的透明度降低，方便使用“参考”图形而不遮挡后面要绘制的图形，并将“山脉”图层锁定，如图2-64所示。

图2-63

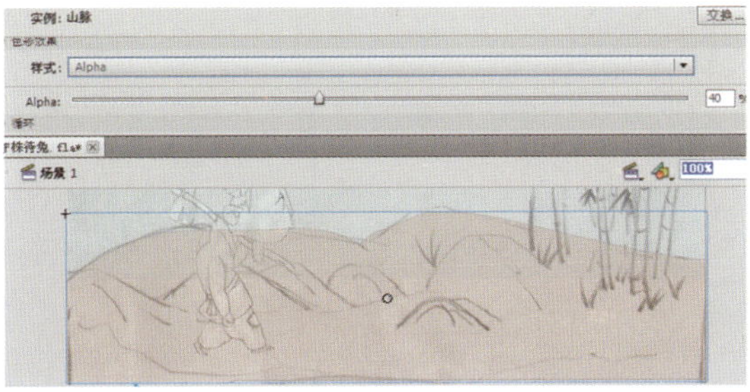

图2-64

⑩ 点击 （新建图层）按钮，新建一个图层，命名为“山脉线”，根据“参考”图形中山脉的走势，使用 （铅笔工具）绘制山脉轮廓线。并使用 （部分选取工具）调整轮廓线的形状，尽可能使绘制的轮廓线与山脉形状吻合，将“山脉线”图层锁定，如图2-65所示。

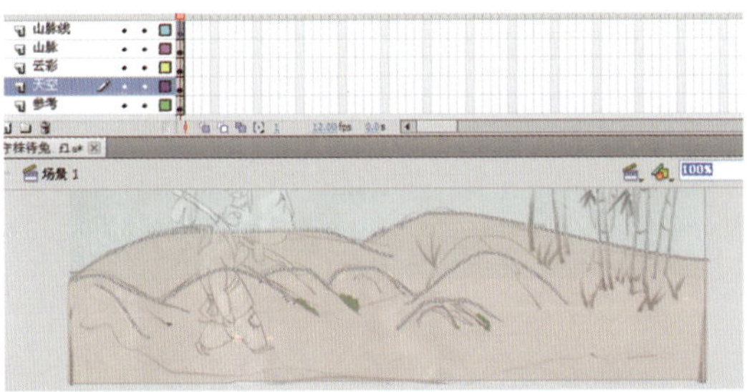

图2-65

⑪ 点击 （新建图层）按钮，新建一个图层，命名为“地”，使用 （钢笔工具）根据“参考”图形绘制出地面图形的形状，利用 （油漆桶工具）填充颜色值为#AB9892，如图2-66所示。

⑫ 点击 （新建图层）按钮，新建一个图层，命名为“竹子”，修改工具栏中 （笔触颜色）值为#5D5C2C，使用 （铅笔工具）根据“参考”图形中竹子的轮廓形状，绘制出竹子的形状和竹子叶子的形状。在绘制过程中可以使用 （部分选取工具）调整轮廓线的形状，尽可能使绘制的竹子轮廓线与“参考”图形中竹子的形状吻合。如图2-67所示。

图2-66

图2-67

⑬ 使用 （油漆桶工具）为竹子的叶子和杆分别填充颜色，值为#5D5C2C和#819466。如图2-68所示。

图2-68

⑭ 点击 （新建图层）按钮，新建一个图层，命名为“农夫”，修改工具栏中 （笔触颜色）值为#000000。选择 （铅笔工具），在工具栏下方“选项”栏处选择 （平滑），根据“参考”图形中农夫的轮廓形状绘制出农夫身体各部分形状，在绘制过程中尽量使每一个绘制的部分都封闭。如图2-69所示。

⑮ 使用 （油漆桶工具）给身体各部位填充颜色。脸部和手的颜色为#F8DCD1，如图2-70所示。头发、衣服、脚、锄头的填充颜色分别

图2-69

图2-70

图2-71

为#4C4B49、#B1B3B2、#DD8965、#FFFFFF，如图2-71所示。

⑯ 分别选择“天空”图层和“山脉”图层上的“天空”图形元件和“山脉”图形元件，将其颜色的Alpha值设为100%，如图2-72所示。然后选择“参考”图层，点击右下方的 🗑（删除图层）按钮，将“参考”图层删除，

图2-72

图2-73

就得到最后的图形，如图2-73所示。

2.5.2 完整人物场景绘制项目知识点

在Flash绘画前，通常先绘制好草稿，然后将草稿导入到舞台作为Flash绘画的参考图形。这样可以提高绘画效率，也使得绘画人物更加生动，增强画面的艺术感染力。

在Flash影片中，我们看到的缤纷多彩的人物造型、背景和道具图形大多都可以通过绘图工具来实现。在绘制过程中掌握好绘图的基本技巧和方法，了解绘画的一些基本原理，再加上细心和耐心，完全可以制作出很漂亮的画面效果来。

第3章　Flash基础动画制作

动画的发展经历了很多年时间，早在18世纪欧洲就出现了动画，19世纪商业动画之父的出现带动了世界动画行业的发展，越来越多的人开始被“迪士尼”生产的动画所吸引，“猫和老鼠”等动画形象深入人心，而中国早期的动画片起步则是和传统的国画等形式相结合。

动画是和时间紧密联系在一起的，在播放上基本符合电影的视觉方式，通过很多画面的播放，组织成完整的故事。

随着电脑的普及，人们对动画更加痴迷，动画的制作方法也越来越简单，Flash帮助动漫迷们创建自己的梦想，并将想法转化为成品。

3.1　实训项目一　逐帧动画制作

项目分析：

由动画的原理知道，动画是由画面的连续播放所产生的。电影每秒播放24幅画面，电视每秒播放25幅画面，而Flash CS5默认每秒播放24幅画面。每一幅画面都称为一个帧，一个帧就是一幅画面。Flash播放动画时按照帧的先后顺序由左向右进行。本实训项目中海底动物的运动使用逐帧动画来实现，即在连续的帧上分别绘制出动物运动动作的连贯图形而形成。

Flash中逐帧动画的表现和网络上的gif图片方式是相同的，表现形式是由一张张画面构成，基本的单位是帧。

3.1.1　海底动物奔跑动画项目制作

图3-1为拍摄的海底动物运动图片。

通过对图3-1所示动物运动特征的分析，分别绘制出每一个动作的轮廓图形，具体制作步骤如下。

① 启动Flash软件，执行“文件”>“新建”命令，创建一个ActionScript 3.0文件，选择

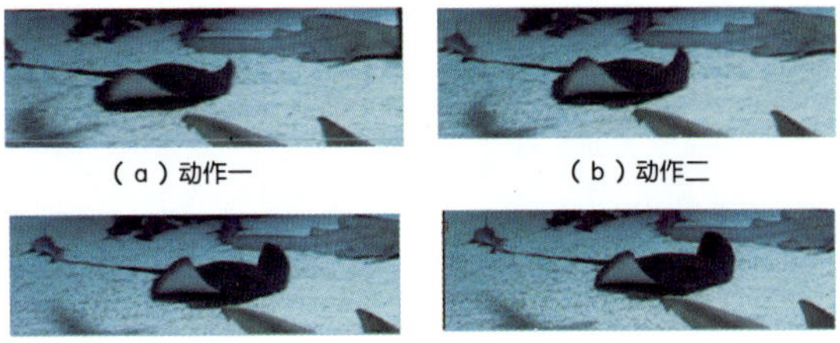

（a）动作一　（b）动作二　（c）动作三　（d）动作四

图3-1

（钢笔工具）绘制动物的外形（绘制时可以参考位图图形中动物运动时的不同形状），绘制完之后选择（选择工具，或按快捷键V），修改绘制完之后的线条，使其更加流畅。

②选择“时间轴”面板（快捷键Ctrl+Alt+T），在第1帧插入空白关键帧（快捷键F7），然后依次在后边12帧上分别创建空白关键帧。如图3-2所示。

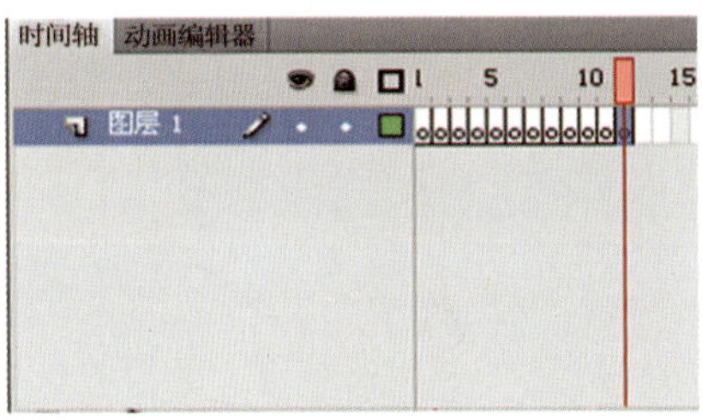

图3-2

③ 选中第1帧，从第1帧开始，在画布上绘制动物的第一个动作状态，如图3-3（a）所示。依此方法在后边11帧上分别绘制该动物的其他的动作，依次如图3-3（b）～（l）所示。

④ 执行“控制”>“测试影片”命令（或按快捷键Ctrl+Enter）预览效果，检查运动过程是否流畅。至此一个简单的逐帧动画就完成了。

3.1.2　逐帧动画制作项目知识点

（1）逐帧动画

逐帧动画是一种常见的动画形式。它的原理是在连续的关键帧上分解动画动作，也就是每一帧的内容不同，连续播放而成动画。

由于逐帧动画是一帧一帧的画面，所以它具有非常大的灵活性，几乎可以表现任何想表现的内容。但是由于逐帧动画的帧序列内容不

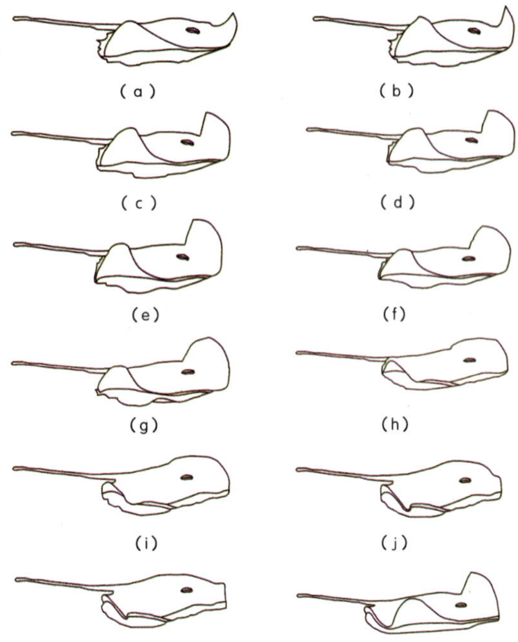

（a）（b）（c）（d）（e）（f）（g）（h）（i）（j）（k）（l）

图3-3

一样，不仅增加负担而且最后输出的文件量也很大，因此在网络动画中要慎重使用。

（2）创建逐帧动画的常见方法

创建逐帧动画常见的方法有：导入连续的静态图片（Flash中能够使用的静态图片有jpg、gif、png等格式）；绘制矢量图形。本章实训项目一中应用了导入参考位图绘制矢量图形的方法创建逐帧动画。

3.1.3　逐帧动画项目进阶练习：制作一个小动物行走的动画

要求：

① 使用逐帧绘制图形制作动画的方法来制作。

② 小动物动作不少于8个连续图形，动物形象绘制要生动活泼，行走动作要逼真。可以参考写实的图形绘制动物图像。

③ 动画帧频率为12fps，动画不能少于16帧，可以制作成前8帧和后8帧完全相同的形式。

3.2 实训项目二　运动补间动画制作

项目分析：

一般运动补间是指对元件或素材图片进行一种动作向另一种动作过渡的过程。在Flash CS4之后增加了动画补间和传统补间。二者区别如图3-4所示。其中，蓝紫色的补间就是传统补间，如图3-4（a）所示，补间开始和结束的地方必须有关键帧；蓝色的补间属于动画补间，如图3-4（b）所示，必须基于元件创建完成动画补间。

（a）　　（b）

图3-4

3.2.1　足球位置移动项目制作

① 启动Flash软件，新建一个ActionScript 3.0文件。

② 选择"文件">"导入">"导入到库"命令，将素材"第3章/足球.jpg"图像导入到"库"面板中。

③ 选中"场景1"中"图层1"上的第1帧，将导入的"足球"图像拖放到"舞台"中，并将其移动到左边位置。如图3-5所示。

图3-5

④ 选中第60帧，点击鼠标右键弹出对话框，选择"插入关键帧"命令（或快捷键F6）创建一个关键帧，如图3-6所示，将足球移动到右边的位置，如图3-7所示。

图3-6

图3-7

⑤ 选择第1帧和第60帧之间的任何一帧，点击鼠标右键，弹出对话框，选择"创建传统补间"，如图3-8所示。

图3-8

⑥ 执行"控制">"测试影片"命令（或快捷键Ctrl+Enter）预览效果，如图3-9所示。

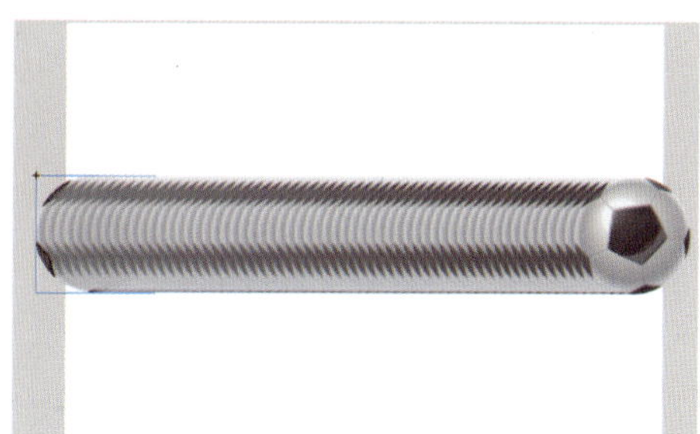

图3-9

3.2.2　补间动画项目知识点

（1）补间动画及其与逐帧动画的区别

制作逐帧动画既费时又费力，因此，在制作动画时应用最多的还是补间动画。补间动画是一种比较有效的产生动画效果的方式，同时还能尽量减小文件的大小。因为在补间动画中，Flash只需要保存帧与帧之间不同的数据；而在逐帧动画中，Flash却需要保存每一帧中的数据。

（2）运用补间动画的制作条件

运用补间动画的制作条件为：图形必须要转换成元件才可以制作。通常可以改变元件的大小、位置、颜色、透明度、旋转等属性。

在Flash的“时间轴”面板上，在一个时间点（关键帧）放置一个元件，然后在另一个时间点（关键帧）改变这个元件的大小、颜色、位置、透明度等。Flash根据二者之间的帧值创建的动画称为动画变形动画。也就是说，运动渐变实际上是将一个对象（元件）分别放在两个关键帧上定义成不同的属性，并在两个关键帧之间创建一种交换关系的操作。

（3）动画制作中用到的元件

动画制作中使用到图形元件，它是放在“库”中的对象。元件的主要作用是可以重复使用，节省内存大小；主要分为图形元件、按钮元件、影片剪辑元件（在后边的章节将详细介绍）三种类型。其他的位图、文本等都必须转换成元件才可使用，只有把形状组合或者转换成元件后才可以做动画补间动画。

（4）补间动画自定义缓入/缓出

用鼠标点击选择补间，选择“属性”面板中的 （编辑缓动）按钮，弹出如图3-10所示的对话框。

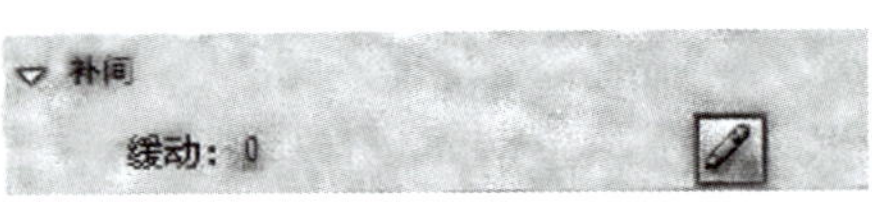

图3-10

自定义缓入/缓出面板，横向的0~60指的是帧数；纵向的0~100%指的是变化的百分比。在这个曲线中，表示对象运动的速度可以调整为直线和波浪线；若设置失败，可以按“重置”按钮还原成默认值。如图3-11所示。

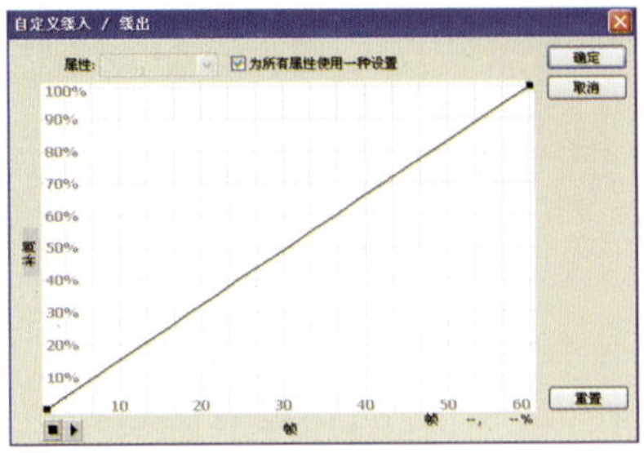

图3-11

3.2.3 补间动画项目进阶练习：小球移动动画

要求：

① 绘制一个蓝色渐变小球，并用“铅笔工具”绘制一个移动的轨道线。

② 让小球在轨道线上从舞台左边移动到舞台中间，再移动到舞台右边，最后直接移动到起始位置，结束时的位置要和起始位置完全一致。

3.3 实训项目三 形状补间动画制作

项目分析：

形状补间是Flash CS5开发的介于动画补间和传统补间这两种类型之间的一种重要的动画类型。在早期时候，形状补间能帮助设计师在没有建立元件的情况下制作成动画。

3.3.1 不同几何形状间变化

① 新建Flash文档，在第1帧绘制一个正方形，如图3-12所示。

② 在第40帧插入空白关键帧，绘制一个三角形（选择“多角星形工具”，在“属性”面板的“工具设置”面板中选择“选项”按钮，将其边数设置为3），如图3-13所示。

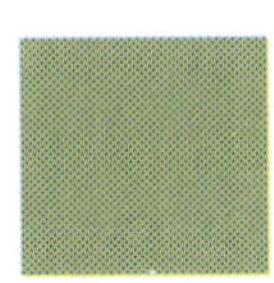

图3-12

图3-13

③ 选择第1帧和第40帧之间任何一帧点击鼠标右键，选择“创建补间形状”，如图3-14所示。

图3–14

④Flash填充两个关键帧之间的形状变化，从而实现从正方形自然过渡到三角形的效果。

3.3.2 树叶形状间变化

① 启动Flash CS5软件，新建一个ActionScript 3.0文件。

② 在第1帧绘制一个图形，选择（直线工具；或快捷键N），绘制直线之后选择（选择工具；或快捷键V）。鼠标靠近对象会出现以及，调整弧度，最后如图3-15所示。

③ 用（颜料桶工具）填充颜色R=90、G=70、B=30，如图3-16所示。

图3–15

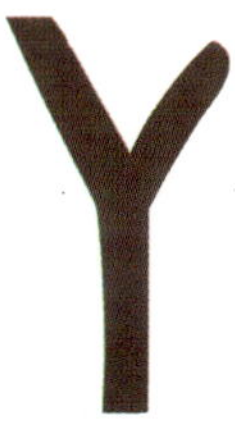

图3–16

④ 使用（钢笔工具）绘制树叶的轮廓，方法如上，如图3-17所示。

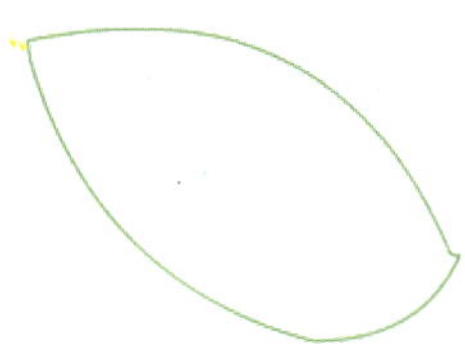

图3–17

⑤ 用（颜料桶工具）填充颜色R=180 、G=216、B=141，如图3-18所示。

⑥ 用同样的方法绘制另一个方向的树叶，如图3-19所示。再用同样的方法完成其他树叶的绘制。

图3–18

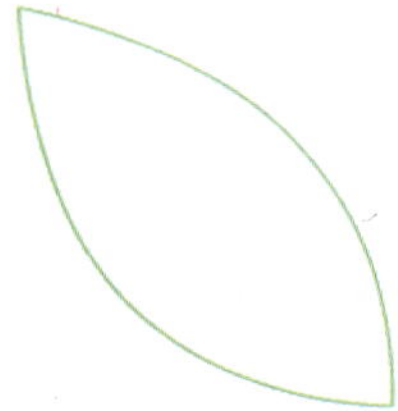

图3–19

⑦ 最终树叶的效果如图3-20所示。

图3–20

⑧ 在第70帧插入关键帧，删除该帧上面的树叶部分，保留树枝，并将其水平移动到其他位置。

⑨ 在该帧上，用（钢笔工具）绘制另一个树叶的形状。用（部分选择工具；或快捷键A）调整树叶的轮廓形态，如图3-21所示。

⑩ 用（颜料桶工具）填充颜色R=180、G=216、B=141，如图3-22所示。

图3–21

图3–22

⑪ 选择“颜色”面板（快捷键Shift+F9），类型选择“线性渐变”，颜色由R=153、G=207、B=22过渡到R=63、G=26、B=118，如图3-23所示。

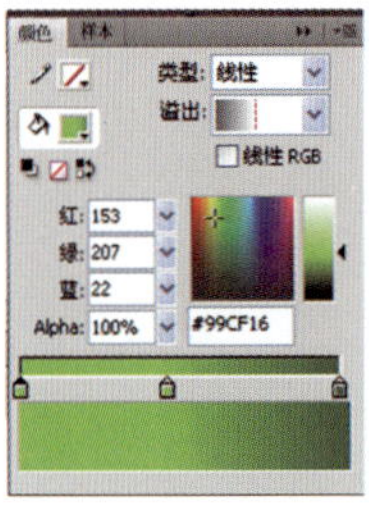

图3-23

⑫ 用相同的方法绘制树叶的脉络，如图3-24所示。

图3-24

⑬ 最终树叶效果如图3-25所示。

图3-25

⑭ 在第1帧和第70帧之间点击鼠标右键，选择“创建补间形状”，如图3-26所示。

图3-26

⑮ 变化过渡不是很自然，这是因为第70帧的树叶对象不是打散的图形，所以选择第70帧的树叶对象，进行分离（快捷键Ctrl+B），这样过渡会比较自然，如图3-27所示。

图3-27

⑯ 好了，到此就做好了，可以选择“测试影片”看一下效果。如果觉得树叶图形做得还不够理想的话，可重新编辑它，并根据画面需要进行调整。

3.3.3 形状补间动画项目知识点

在补间动画中，补间形状创建动画的方法与补间动画创建的方法一致，可以在两个关键帧之间创建。在补间形状中，不需要一定是元件，只要是图形就可以。但如果绘制的对象是群组的状态，创建形状补间动画的过渡会非常突然，所以必须是分离的图形。

“添加形状提示”图形的变化是非常随机的，我们需要刻意控制部分动画的运动。可以采取特别指示的方法，根据形状提示进行动画的变化。

① 选择第1帧，绘制一个矩形，在第30帧插入关键帧。

② 选择第1帧中的矩形，确定其为打散的状态。执行“修改”>“形状”>“添加形状提示”命令（或快捷键Ctrl+Shift+H），如图3-28所示。

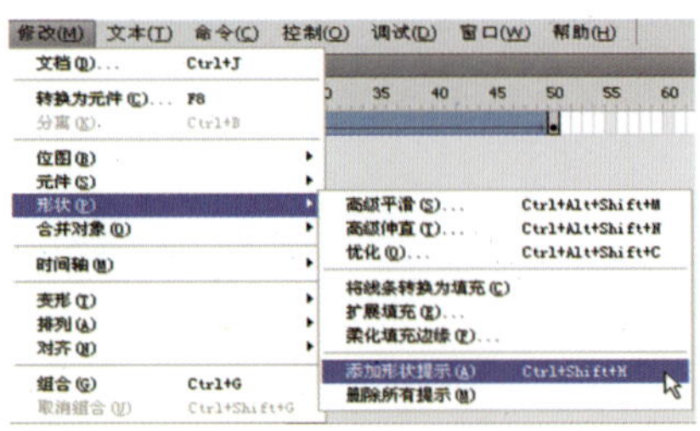

图3-28

③ 在矩形左上角会出现 ，同时在第30帧会出现对应的 ，如图3-29所示。

④ 这个动作的过程开始于矩形的 ，结束于五边形的 ，整个动作过程完成后如图3-30所示。

图3-29

图3-30

⑤ 可以用同样的方法依次添加其他提示符，完成其他动作的指示。

总之，形状补间动画制作非常方便，只是虽然增加了“添加形状提示”，但依然不能被我们所控制，一般这样的动画形式最好运用于蜡烛的烟雾等这种不需要控制的图形轮廓对象。

3.3.4 形状补间动画项目进阶练习：几何形线框间变化

要求：

① 绘制出三角形、正方形、五边形、五角星、六边形、节能灯泡几个图形的边框线形状，分别放置在不同的帧上，位置要相同。

② 图形要从三角形开始变化，一直变化到节能灯泡的形状，要求变化过渡自然，节奏感强。

③ 最后要出现文字“创建节能型社会”。

3.4 实训项目四 透明动画制作

项目分析：

透明动画是通过调整Alpha数值使之不断变化获得的动画效果。本实训项目制作文字的淡入淡出效果。文字在动画制作过程中是比较特殊的对象，对输入的文字要作分离和转化元件操作，才能使其具有淡入淡出的效果。

3.4.1 透明动画项目制作

① 启动Flash软件，新建一个ActionScript 3.0文件，舞台背景颜色调整为红色。如图3-31所示。

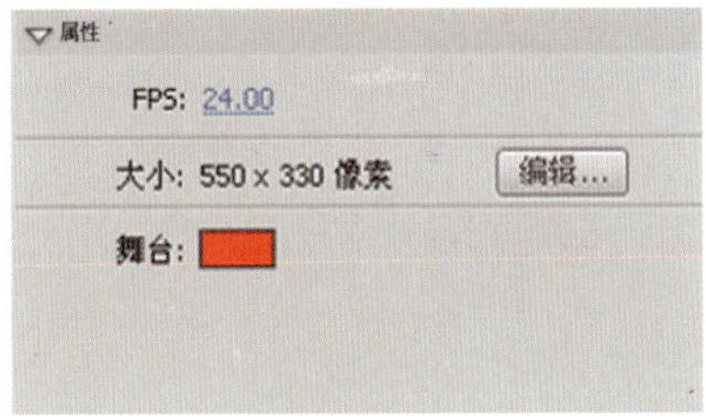

图3-31

②点击 （新建图层）按钮新建图层1，用 （矩形工具）绘制一个红色的矩形，R=206、G=0、B=0、长=550、高=26。

③ 点击 （新建图层）按钮新建图层2，用 （矩形工具）绘制一个矩形，宽=550，高=206。选择“颜色”面板，类型选择为“线性渐变”，三种颜色过渡分别为R=235、G=184、B=31，R=251、G=126、B=28和R=255、G=0、B=0，如图3-32所示。

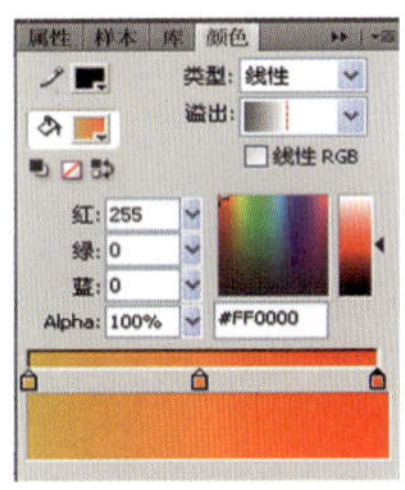

图3-32

④点击 （新建图层）按钮新建图层3，用 （钢笔工具）绘制小动物的面部轮廓，填充颜色为R=249、G=238、B=222。再绘制耳朵、眼睛等其他部分，最后效果如图3-33所示。

图3-33

⑤点击（新建图层）按钮新建图层4，用同样的方法绘制另一个小动物，最后效果如图3-34所示。

图3–34

⑥点击（新建图层）按钮新建图层，双击图层改名为“灯笼”。用“钢笔工具”绘制一个灯笼，颜色填充红色，如图3-35所示。

图3–35

⑦ 点击（新建图层）按钮新建图层，双击图层改名为“文字”。

⑧ 新建影片剪辑元件，命名为“文字”，用T（文本工具）输入文字“过年啦！大家都来领红包吧！”。字体为华康简综艺体，字号大小为24号，如图3-36所示。

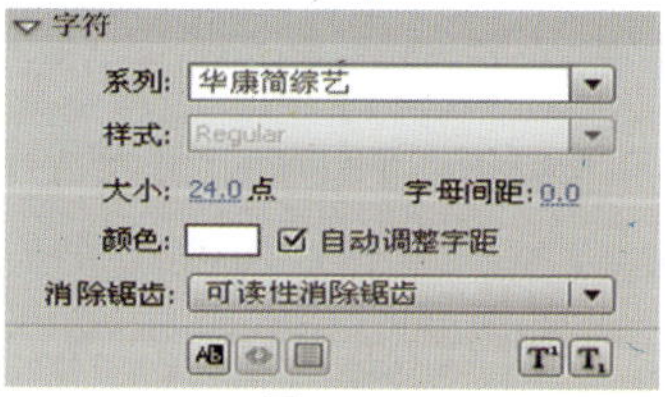

图3–36

⑨将影片剪辑元件“文字”拖入到“文字”层第1帧，分别选中文字图层的第60帧和第100帧，并按F6键，就会在第60帧、第100帧内添加关键帧。

⑩用“选择工具”选中第1帧，然后选择“属性”面板指令（或快捷键Ctrl+F3），就会显示出“色彩效果”浮动窗口。

⑪选取样式下面“Alpha”（透明度）选项，设定淡化效果数值为100%，如图3-37所示。

图3–37

⑫ 用“选择工具”选中第60帧，然后选择“属性”面板指令，选取样式下面的“Alpha”（透明度）选项，设定淡化效果数值为0%。

⑬ 用“选择工具”选中第100帧，然后选择“属性”面板指令，选取样式下面的“Alpha”（透明度）选项，设定淡化效果数值为100%。

⑭ 按Ctrl+Enter键播放动画，如图3-38所示。

图3–38

3.4.2 透明动画项目知识点

（1）元件

包括图形元件、按钮元件、影片剪辑元件等。如果要用色彩效果，必须用元件完成Alpha（透明度）的变化。

（2）透明度Alpha

Alpha透明混合处理（Alpha Blending）是使物体产生透明感的一种技术，透过某种物体如水、玻璃等看到透明景象。透明度调整有以下两种方法。

方法一：“颜色”面板如图3-39所示（快捷键Shift+F9），通过调整Alpha的百分比（数值为100%，显示的是实色；数值为0%，显示的是无；数值为0%~100%这个区间，则是透明，越趋向0%越透明），调整关键帧里面的对象。

图3-39

方法二：影片剪辑元件对象“属性”面板色彩效果如图3-40所示，通过Alpha样式，调整数值，效果同上。

图3-40

3.4.3　透明动画项目进阶练习：图形的轮换效果

要求：

① 导入几张位图图形，将其转化为图形元件，设置其大小和舞台相同。

② 制作图片的轮换效果，即一个图片逐渐显示出来再逐渐消失，消失的过程中另一个图形又逐渐显示出来，交替出现。

③ 为每一个轮换的图形添加图片标题或简要的说明。

3.5　实训项目五　遮罩动画制作

项目分析：

Flash软件对文字的处理有其独特之处。它不仅可以制作常见的静态文字，而且可以制作动感效果十足的文字，因而经常被运用到网页banner或是MV制作中。彩虹文字是最常见最简单的一种文字，其主要原理是运用遮罩层。

3.5.1　遮罩动画项目制作

① 启动Flash软件，新建一个ActionScript 3.0文件，舞台背景为绿色（即R=26、G=176、B=128），其他属性为默认，如图3-41所示。

图3-41

② 在“图层1”的第1帧上，使用（矩形工具）绘制矩形，笔触颜色选无（按）。如图3-42所示。

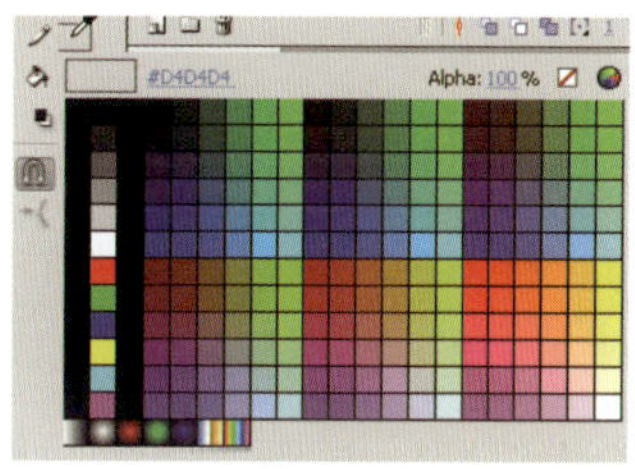

图3-42

③ 在“颜色”面板里选择最下面的彩色条填充矩形，如图3-43所示。

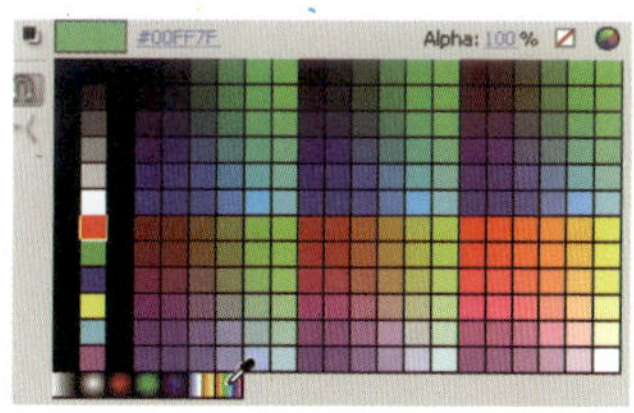

图3-43

④ 新建一个图形元件，绘制一个长方形，长、宽分别设置为400像素和200像素。选中对象，将其水平居中于舞台，如图3-44所示。

⑤ 点击（新建图层）按钮，创建一个

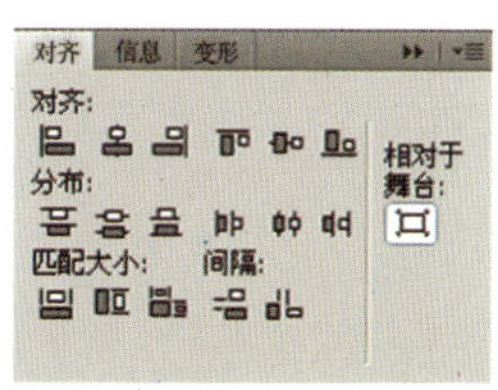

图3-44

新图层，命名为“文字”。在第1帧选择 T（文本工具），设置其字体为华康海报体，字号为80，颜色为白色，在舞台上输入“梦幻彩虹字”，并将该图层锁定（按🔒）。

⑥ 重新选择“图层1”，用（任意变形工具）调整第1帧上的矩形，直至彩虹的大小能完全覆盖文字，然后把彩虹框的右边移动到“梦”字的左边，如图3-45所示。

图3-45

⑦ 在“图层1”第80帧插入关键帧，“文字”层第80帧插入普通帧，把彩虹框的左边移动到“字”的右边，然后回到第一帧创建传统补间动画，如图3-46所示。

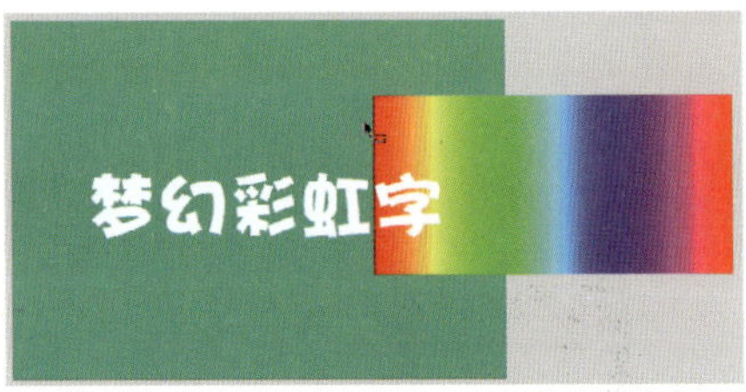

图3-46

⑧ 选中“文字”层，点击鼠标右键，选择“遮罩层”，文字就会添加遮罩层效果，如图3-47所示。

⑨ 效果发布预览，如图3-48所示。

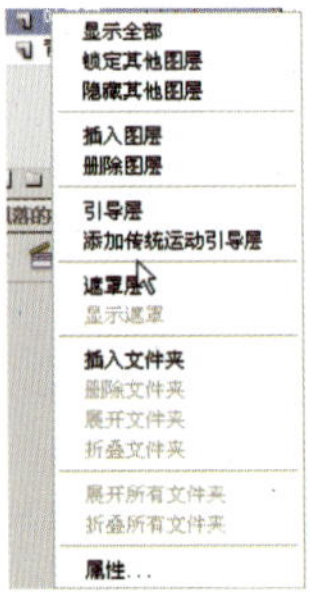

图3-47

图3-48

3.5.2 遮罩动画项目知识点

（1）图层

和Photoshop这类软件一样，“图层”面板就像很多张纸一样，我们可以分别在不同的纸上绘制不同的对象。由于图层的存在，我们绘制对象可以避免彼此干扰。特别是在Flash软件中，分离的图形会由于在同一个图层叠加而出现图形的焊接、剪切等变化。

（2）遮罩

学过Photoshop的人很好理解遮罩的概念。遮罩相当于创建剪切蒙版，或者说它是一个容器，遮罩层的对象就是保存轮廓和被遮罩层对象的内容。也就是说，遮罩层的内容发布成swf文件是不可显示的，遮罩只显示对象的轮廓和被遮罩对象的内容。

（3）遮罩层和被遮罩层

遮罩层只要一个，被遮罩层可以有好几个。

（4）遮罩对象

遮罩对象可以是按钮、影片剪辑、图形、位图、文字等，但不能使用线条，如果一定要用线条，可以将线条转化为“填充”。

（5）遮罩技巧

① 遮罩层的基本原理是：能够透过该图层中的对象看到“被遮罩层”中的对象及其属性（包括它们的变形效果），但是遮罩层中的对象的许多属性如渐变色、透明度、颜色和线条样式等却是被忽略的。比如，不能通过遮罩层的渐变色来实现被遮罩层的渐变色变化。

② 线条不能作为遮罩的对象；形状、

文字、图形元件、影片剪辑都可以成为遮罩的对象。

③ 遮罩层选定之后图层必然被锁，若想编辑，要取消遮罩并且解锁。

④ 被遮罩层不能用动态文本。

⑤ 遮罩层能遮罩的效果只能是下面一层或几层。只能有一个遮罩层，但是可以有很多个被遮罩层。

⑥ 图层属性的修改：选择“修改”>“时间轴”>“图层属性”命令，如要取消遮罩，将“图层属性”中的“类型”变为“一般”即可。

（6）文字分离

文字分离相当于Photoshop中将文字栅格化。为了使电脑中的字体没有安装问题，所以在确定文字的字体之后，需要将文字分离（按快捷键Ctrl+B），在操作时要点击两次才能将文字彻底变成图形。

3.5.3 遮罩动画项目进阶练习：分离移动的图形

要求：

① 任意选取一张图片（素材“第3章/花.jpg”文件），导入舞台并将其转化为元件，作为移动的背景图形。

② 绘制4个大小相同的圆角矩形，平均分布放置于舞台中间。

③ 让4个圆角矩形部分显示出花的形象，没有矩形部分是空白的，不显示任何内容，并给花添加位置移动动画。

3.6 实训项目六 引导线动画制作

项目分析：

将一个或多个图层链接到一个运动引导层中，使一个或多个对象沿同一条路径运动，这种动画形式就叫“引导线动画”。它可以使一个或多个元件完成曲线运动或不规则运动。引导线运动常见的动画形式如树叶飘落、抛物线运动等。Flash软件提供了很好的编辑制作方法，本实训项目制作树叶飘落的过程。

3.6.1 飘落的树叶项目制作

① 启动Flash软件，新建一个ActionScript 3.0文件。

② 打开“属性”面板（快捷键Ctrl+F3），设置尺寸为550像素×400像素，帧频为24fps。如图3-49所示。

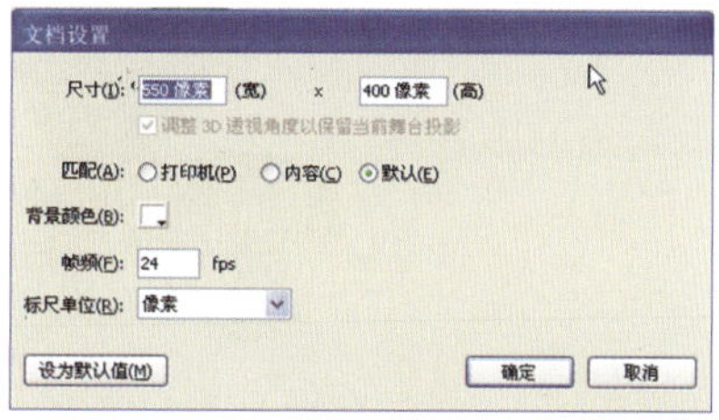

图3-49

③ 双击“图层1”，将其重命名为“背景层”，点击（新建图层）按钮，新建图层2，并将其命名为“叶子层”，如图3-50所示。在背景层导入图片，使用快捷键Ctrl+R将其导入到舞台。如图3-51所示。

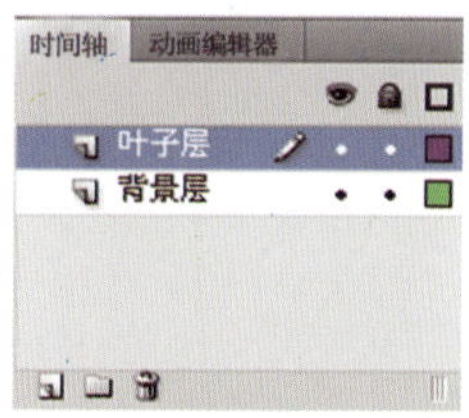

图3-50

图3-51

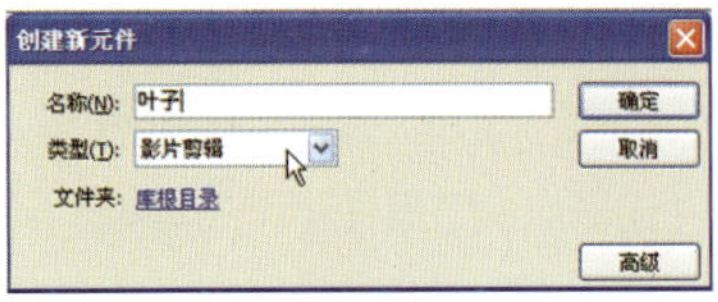

图3-52

④ 新建“影片剪辑”元件（快捷键Ctrl+F8），命名为“叶子”，如图3-52所示。

⑤ 用（钢笔工具）绘制叶子的轮廓如图3-53所示。填充色为R=55、G=139、B=53，如图3-54所示。

图3-53

图3-54

⑥ 用（直线工具）绘制直线，粗细为0.2，颜色设置为R=44、G=131、B=54。绘制树叶的脉络，用“吸附工具”调整脉络的弧度，如图3-55所示。

图3-55

⑦ 绘制完之后，执行“修改”>“形状”>“将线条转换为填充”命令，如图3-56所示。

⑧ 将树叶的脉络放在叶子中间，如图3-57所示。

⑨ 再新建一个“影片剪辑”元件（快捷键Ctrl+F8），命名为“叶子落下”。

⑩ 在“叶子”影片剪辑元件中新建两个

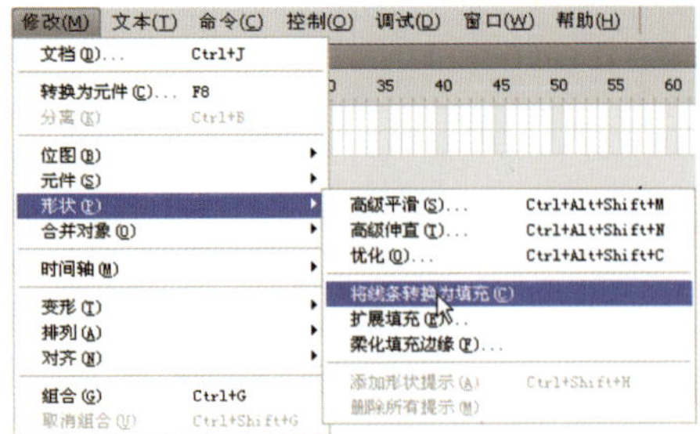

图3-56

图3-57

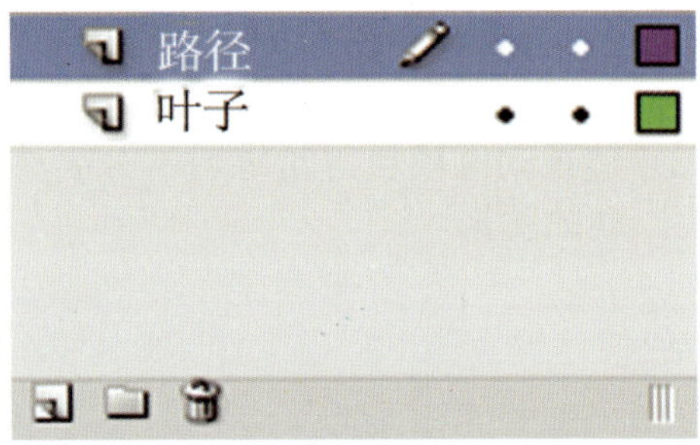

图3-58

图层，分别命名为“路径”和“叶子”，如图3-58所示。

⑪ 打开“库”面板（快捷键Ctrl+L），将“叶子”影片剪辑元件拖入到“叶子层”的第1个关键帧中。

⑫ 在“路径层”用（钢笔工具）绘制一条路径，这条线条一定要是分离的状态。线条的绘制可以随意，在第50帧插入静态延续帧。如图3-59所示。

⑬ 在“叶子层”第1帧把叶子放在路程的起点位置，如图3-60所示。在第50帧插入关键帧，将叶子移动到路径的底端位置，如图3-61所示。注意：移动对象时选择“任意变形工具”，要将中心点与路径的起点和终点重合。

图3-59

图3-60

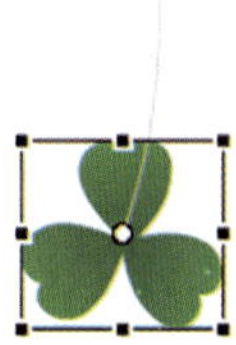

图3-61

⑭ 选择“图层”面板中的“路径层”，点击鼠标右键弹出图层“属性”面板，选择引导层，如图3-62所示，出现如图3-63所示的图标效果。将“叶子层”按住不动拖动到“路径层”会出现一个指示，释放，将“叶子层”变成被引导层，如图3-64所示。

图3-62

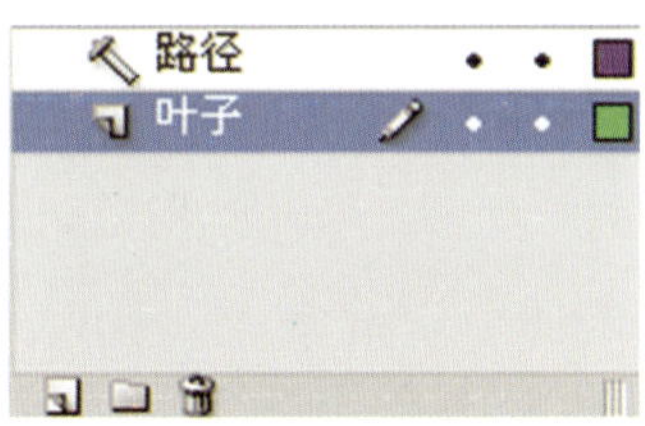

图3-63

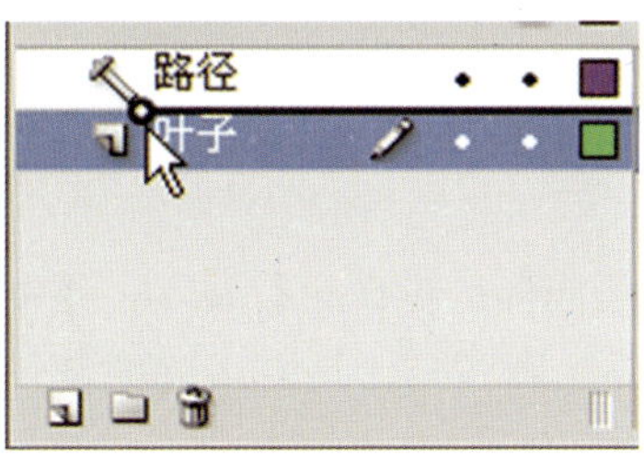

图3-64

⑮最后路径效果如图3-65所示。

图3-65

⑯ 将“库”中的“叶子落下”影片剪辑拖入到场景中，用“任意变形工具”调整叶子的大小和方向。为了让叶子变化更丰富，可以新建很多不同路径的“叶子落下”影片剪辑，这样叶子落下会比较自然。可以测试影片欣赏一下劳动成果。

3.6.2　引导线动画项目知识点

（1）引导层

引导层是Flash中比较特殊的图层，是制作动画过程中非常重要的手段。引导层可以分为普通引导层和运动引导层。

（2）普通引导层

在图层名称前面显示图标的就是普通引导层。普通引导层主要是为了给其他图层提供辅助绘图和绘图定位帮助，可以将画面的布局草图放在普通引导层上，以此为基础来编辑动画的各个部分。而且普通引导层不会被输出，也就是说，在最终完成的Flash动画作品进行播放时，不会显示普通引导层中的内容。要显示普通引导层中的内容，可以将普通引导层中的内容复制到普通图层上。

普通引导层中的对象只有在编辑Flash动画的过程中才会被显示出来，而在最终的影片中不会被显示。除此之外，普通引导层和普通图层并没有明显的区别，因此可以使用与普通图层一样的方法来锁定或者隐藏普通引导层。这样在制作Flash动画的过程中，可以随时隐藏普通引导层，以便检查动画作品是否合理。当然，在实际运用中，普通引导层的使用并不多。

（3）运动引导层

在现实生活中包含各式各样的动作，不仅有许多直线运动，而且还有更加频繁的曲线运动。在使用Flash制作动画的过程中，建立直线运动是一件很容易的事，不需要太多的技巧。而要建立一个曲线运动，特别是当某一个对象需要沿着一条确定的路径运动时，就需要向Flash图层面板中添加运动引导层来实现，否则将无法完成。

在图层名称前面显示 图标的就是运动引导层。运动引导层可以起到设置运动路径的导向作用，使与其连接的被引导层中的对象沿着此路径运动。

运动引导层中放置的唯一对象就是运动路径。填充的对象对运动引导层没有任何影响，并且该图层中的对象在最终的Flash动画影片中是不可见的。从这一点来说，运动引导层与普通引导层没有区别。它们二者的区别在于，运动引导层不是帮助布局的，而是方便描述运动对象的运动路径的。

3.6.3 引导线动画项目进阶练习：小球沿着抛物线运动

要求：

① 绘制3个相同大小的小球，分别添加不同颜色，并将3个小球转化为图形元件。

② 绘制一条抛物线作为引导层，抛物线可以绘制成一条连贯的变化多一些的线条。

③ 让3个小球分别沿着抛物线作运动，运动的速度和起始时间不同，最后停止在线的终点。

3.7 实训项目七 旋转动画

项目分析：

旋转是生活中经常遇到的一种动画形式。通过制作钟表指针旋转动画，可以帮助理解帧和帧频率之间的关系，控制帧和帧频率来调整动画播放的速度。

3.7.1 钟表指针旋转动画制作

① 启动Flash软件，新建一个ActionScript 3.0文件。

② 按下键盘上的Ctrl+F8新建一个图形元件，命名为“clock”。使用 （椭圆工具），按住Shift键画出一个正圆，填充灰色。如图3-66所示。

图3-66

③ 复制圆形方法一：调出“变形”面板，如图3-67所示。选择 （重制选区和变形）按钮进行复制，复制之后选择 （任意变形工具），按住Shift+Alt等比例拉大，调整对象的顺序，选中大圆后点击鼠标右键移至底层。

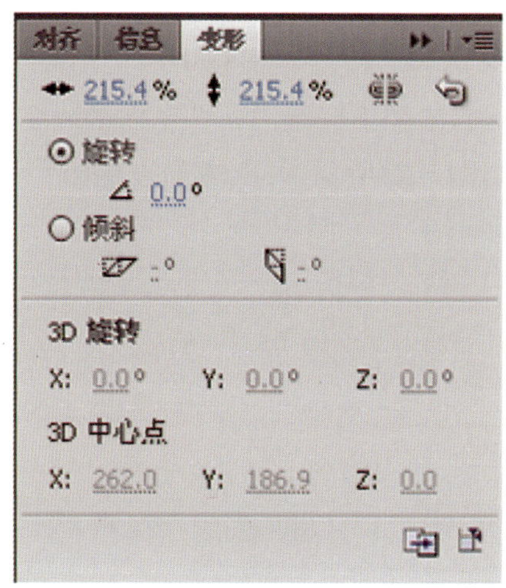

图3-67

④ 复制圆形方法二：按住Ctrl+D复制一个圆，将填充改为灰色。用“选择工具”选中两个圆，执行“修改”>“对齐”>“垂直对齐和水平对齐”，或者按快捷键Ctrl+K，如图3-68所示。

⑤ 用同样的方法进行复制，绘制不同半径大小的等比例圆形，填充中间的圆形，最后获得如图3-69所示的钟面。

⑥ 拉出四条导线，选择“直线工具”将直线的颜色调整为白色，笔触为5，画时间刻度。新建一个图层，命名为“装饰”，放在最上层。用“直线工具”画一条任意长度的直线。 绘制钟面的装饰，如图3-70所示。

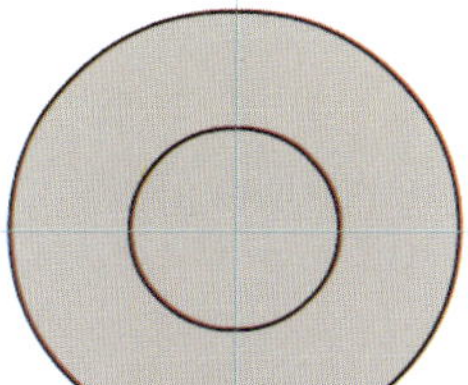

图3-68

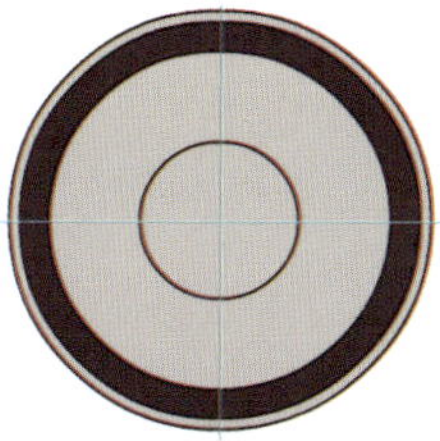

图3-69

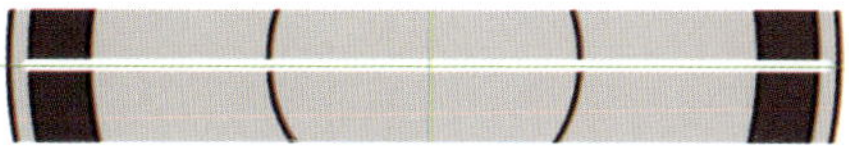

图3-70

⑦ 选中这条直线，按快捷键Ctrl+K调出“变形”面板，将“旋转”的角度设为15，如图3-71所示。单击右下角的“重制选区和变形”按钮，就能复制出另外一条直线。分别旋转复制成0°、15°、30°等角度的直线，以此类推，最后绘制的图形如图3-72所示。

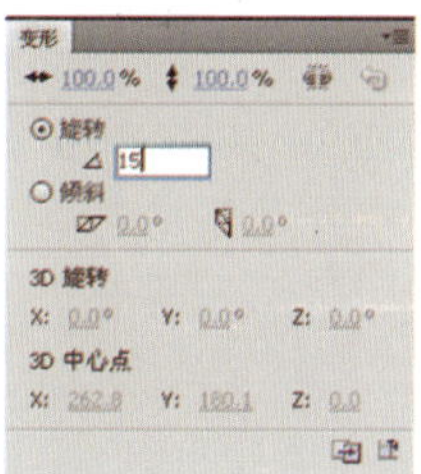

图3-71

图3-72

⑧ 选中所有的直线，按Ctrl+G将其群组。再用（椭圆工具）按住Shift键画出如下正圆。圆形的笔触粗细为5，填充为无，选中直线和椭圆，执行“修改”>“对齐”>“垂直对齐和水平对齐”，如图3-73所示。选择相交的部分，按Ctrl+B将它们全部打散后删掉多余的线条，只留下椭圆外面的这一圈直线，这样就形成了一个刻度盘。按Ctrl+G将它们群组，删除不要的部分，如图3-74所示。

⑨ 用（任意变形工具）将时间刻度调整到合适的大小，放在时钟上如图3-75所示的位置即可。

⑩ 使用“文本”工具输入罗马序号，字号

图3-73

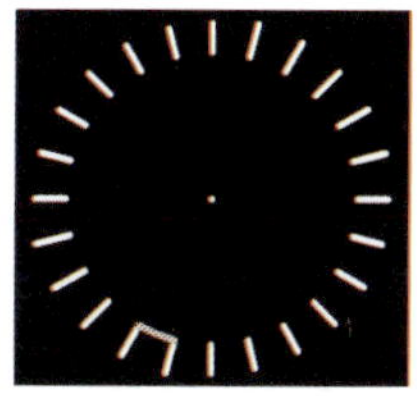

图3-74

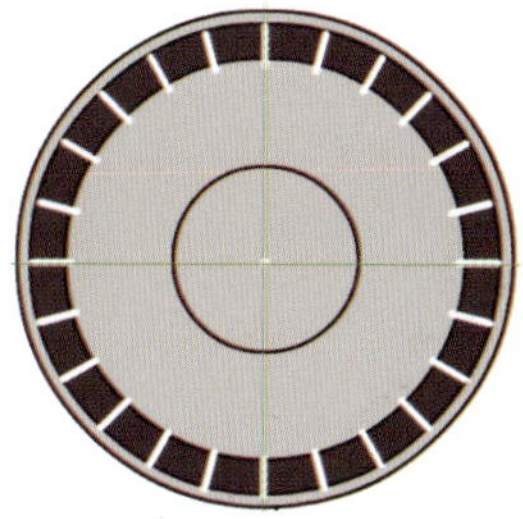

图3-75

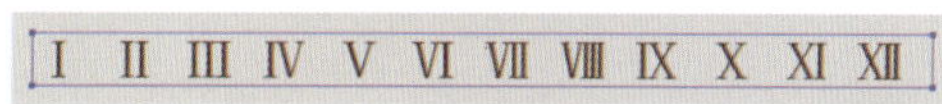

图3-76

为30，颜色为黑色。如图3-76所示。

⑪ 将文字打散（快捷键Ctrl+B），将文字放入钟面中正确的时间位置。为了确保序号位置的准确性，绘制一个同心圆，用（任意变形工具）选中文字，将文字的中心放在圆形路径上。序号“Ⅰ”放在角度为30°的刻度线上；序号“Ⅱ”放在角度为60°的刻度线上；序号“Ⅲ”放在角度为90°的刻度线上；依次类推，如图3-77所示。位置调整好之后，删除辅助圆形，最后效果如图3-78所示。

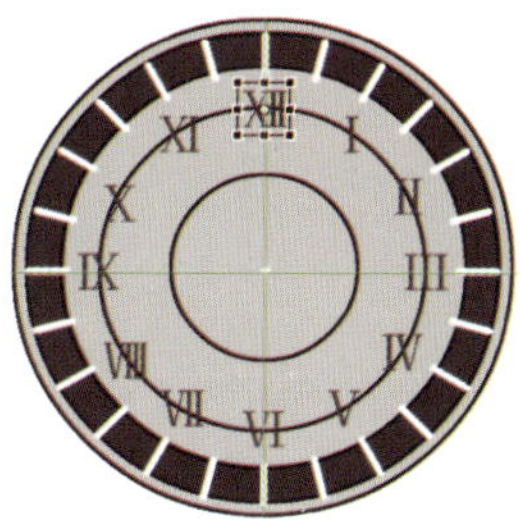

图3-77

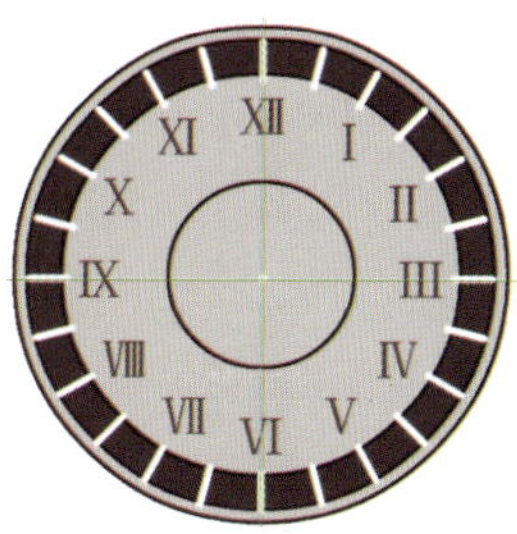

图3-78

⑫ 可以将钟面调整为自己喜欢的颜色，让钟面更漂亮。

⑬ 下面绘制指针。按Ctrl+F8快捷键新建

一个图形元件，命名为“arrow”。用（钢笔工具）画出矩形，笔触为黑，中间结合“圆形工具”绘制，如图3-79所示。将其他填充为黑白相间，按Ctrl+G群组，如图3-80所示。

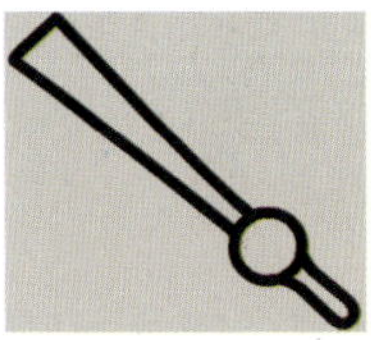

图3-79

图3-80

⑭ 在第60帧处按F6键插入关键帧，并添加传统动画补间。选择（任意变形工具），将中心点圆圈拖到靠近下部的位置。如图3-81所示。

⑮ 选中补间，在“属性”面板中设“旋转”为“顺时针1次”，这样指针每60帧会旋转一周。

⑯ 回到场景1，新建一个图层，命名为“arrow”，在“库”面板中将做好的“arrow”元件拖到时钟中心位置。再新建一个图层，命名为“arrow 2”。

⑰ 按Ctrl+F8新建“影片剪辑”元件，命名为“arrow2”，用（钢笔工具）画出矩形，笔触为黑，中间结合“圆形”工具绘制，如图3-82所示。

图3-81

图3-82

⑱ 在第30帧插入关键帧，并添加传统动画补间。选择（任意变形工具），将中心点圆圈拖到靠近下部的位置。

⑲ 选中补间，在“属性”面板中设“旋转”为“顺时针1次”，这样指针每30帧会旋转一周。

⑳ 将“arrow2”影片剪辑元件拖入到“arrow2”层，将时针和秒针进行“水平居中和底部对齐”，效果如图3-83所示。

㉑ 新建一个图层，命名为“eye”，绘制一个白色的椭圆，按照前面的方法绘制同心圆，最后耳朵的效果如图3-84所示。

图3-83

图3-84

㉒ 按住Alt键进行复制，将耳朵复制成一对。

㉓ 新建图层，命名为“Body”，用（钢笔工具），结合前面掌握的“圆形工具”和其他工具绘制身体部分，如图3-85所示。用（颜料桶工具）将身体整体部分填充蓝色（其数值为#7EBAC5），其他部分填充黑色，如图3-86所示。

图3-85

图3-86

㉔ 将所有部分组合在一起，水平居中对齐，效果如图3-87所示。

3.7.2 旋转动画项目知识点

（1）旋转动画具备的条件

旋转动画必须在关键帧中完成，且必须是

图3-87

动画补间。

（2）“补间面板”的运用

在缓动中间可以设置补间动画的速度变化，输入数值的范围在100～100之间，在这个运动区间中，100代表这个动作的运动补间的状态是一个加速运动，速度越来越快；相反，-100指的是减速运动，速度越来越慢。

（编辑缓动按钮）按出之后弹出“自定义缓动调整”面板，里面有一条可以自己随意调整的曲线，可以根据添加节点获得不同速度的运动。这条曲线可以用手柄调整弧度，和“钢笔工具”的操作方法一样。横向指的是帧数，纵向指的是补间，如图3-88所示。

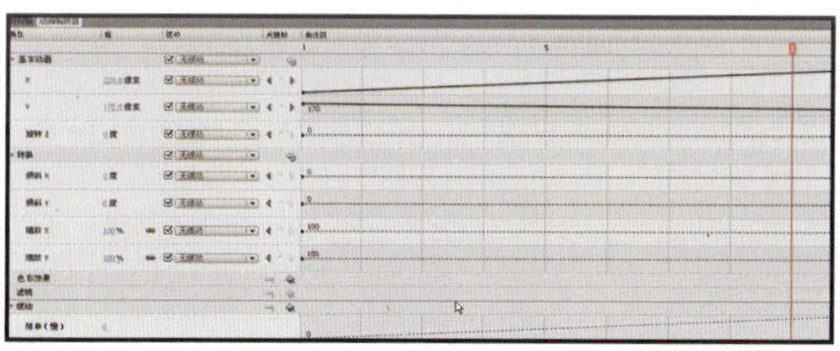

图3-88

需要说明一下，Flash CS4之后增加了“动画编辑器”这个面板。主要是配合新增加的一种新的动画形式，创建补间动画，这里不需要对象一定有2个关键帧动作，只需要有1个关键帧就可以运动。

按F5键，让对象插入普通帧，点击鼠标右键，创建补间动画，补间的颜色是天蓝色，如图3-89所示，然后选择第一关键帧上的对象，

图3-89

图3-90

进行需要的位置移动，出现一条绿色的线，如图3-90所示。

在时间轴上出现如图3-91所示的变化，增加了黑色的点。为了调整对象运动的不同速度，在新版本中可以进行设置：选择补间，打开“动画编辑器”，在这里可以设置基本动画需要缓动还是无缓动，以及旋转倾斜等不同的效果变化。

图3-91

（3）“旋转面板”的运用

“旋转面板”如图3-92所示。在对象的补间动画上添加旋转的效果动作，旋转的默认状态为“自动”。选择“自动”，该运动不会发生任何变化；如果选择了“顺时针”或者是“逆时针”两种类型，则该运动就会进行旋转，后面输入的数值为旋转的次数。

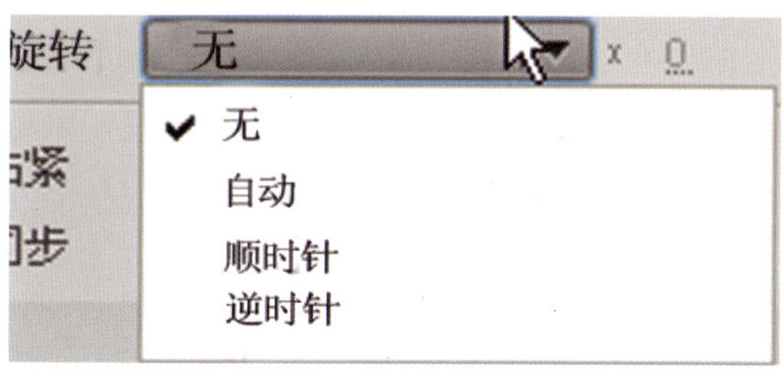

图3-92

在旋转的下面有四个选项，如图3-93所示。这四个选项是针对引导层使用的。

① 调整到路径：对象绘制完之后根据引导层进行位置移动。如果设置了旋转，比如前面的树叶的例子，在设置好树叶的引导层的运动动作之后，在旋转中设置了旋转的类型，同时

图3-93

在“调整到路径”前面打了勾，那么树叶就会随着引导层发生变化。

② 同步：默认设置，对象的旋转和对象的补间动画同步。

③ 贴紧：默认设置，对象的旋转贴紧对象的补间动画。

④缩放：改变旋转补间动画的旋转对象的大小。

3.7.3　旋转动画项目进阶练习：风车旋转

要求：

① 使用绘图工具绘制一个五彩色的风车（参考素材“第3章/风车.jpg”图形），并将其转化为图形元件。

② 在舞台中分别拖入5个风车，给风车添加旋转动画，分别为顺时针、逆时针，在相同的帧下设置不同的旋转次数。

③ 导出影片，保存为“风车.swf”格式。

第4章 应用元件

元件是Flash中非常重要的一个元素。在制作Flash动画时，经常要将动画对象做成元件的形式。元件(符号)是指一种可重复使用的图形、按钮或影片剪辑。它最大的优点是可以减小动画文件的大小。实例是元件在舞台上的具体应用。在动画制作过程中，将元件从元件库中取出，应用于工作区就成了实例。本实训项目制作梅花贺卡动画。

项目分析：

本实训项目以梅花为题材制作了一个简单的贺卡动画，整体创意风格采用传统样式，并插入古代诗词，增加贺卡的文化内涵。整个项目使用了Flash动画制作的常用元件形式，项目学习的重点在于不同元件的建设编辑和使用方法。

4.1 实训项目 梅花贺卡动画项目制作

4.1.1 制作贺卡背景显示动画

首先利用图形元件制作梅花贺卡背景显示动画，其操作步骤如下所述。

① 新建文件，执行“文件”>“新建”命令，弹出“新建文档”对话框，点击“确定”，即可创建一个新Flash文档。如图4-1所示。

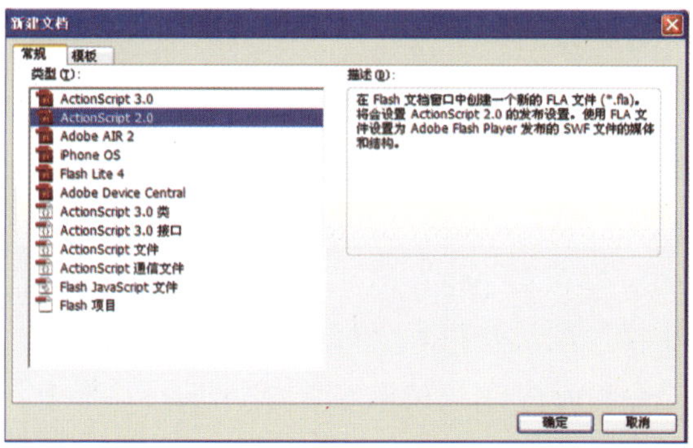

图4-1

② 执行“修改”>“文档”命令（或按住Ctrl+J快捷键），打开“文档设置”对话框，设置相关参数：尺寸宽度为721像素，高度为527像素，背景颜色为白色，帧频为24，单击“确定”按钮。如图4-2所示。

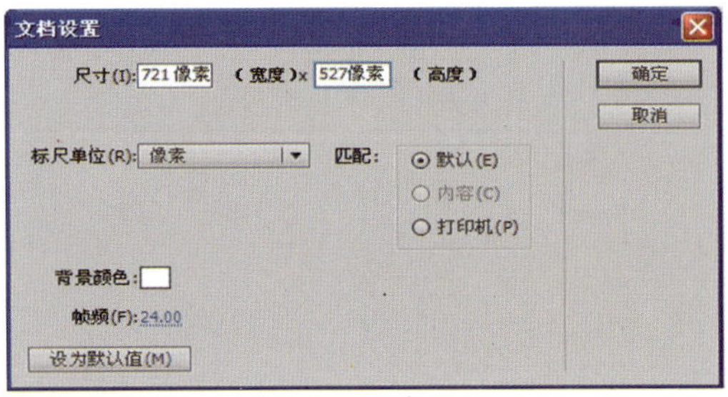

图4–2

③ 执行“文件”>“导入”>“导入到舞台”命令，将素材文件“第4章/背景.png”图片导入舞台，将“图层1”命名为“边框”。选择背景图片，将“属性”面板中的X、Y坐标位置分别设置为0，使其与舞台中心对齐。如图4-3所示。

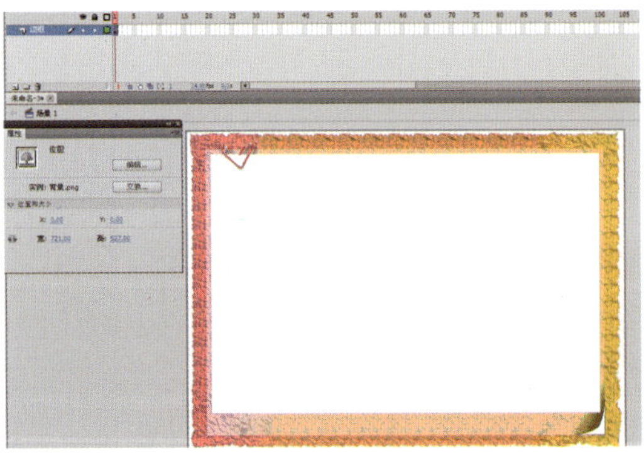

图4–3

④ 点击（新建图层）按钮，新建一个图层，命名为“梅花树”。执行“文件”>“导入”>“导入到舞台”命令，将素材文件“第4章/梅花树.png”图片导入舞台。选中“梅花树”图片，执行“修改”>“转换为元件”命令（或按F8快捷键），在弹出的对话框中设置名称为“梅花树”，类型为“图形”，如图4-4所示。

图4–4

⑤ 将“梅花树”图层拖拽到“边框”图层下方。效果如图4-5所示。

图4–5

⑥ 在“梅花树”图层第20帧处按F6键插入关键帧，在第1~20帧之间制作传统补间动画。如图4-6所示。

图4–6

⑦ 锁定“边框”图层。选择“梅花树”图层第1帧的元件，在“属性”面板中将其Alpha值设为0%，制作梅花树显示的动画。如图4-7所示。

⑧ 执行“插入”>“新建元件”命令（或按Ctrl+F8快捷键），在弹出的对话框中设置：名称为“梅花”，类型为“影片剪辑”，如图4-8所示。

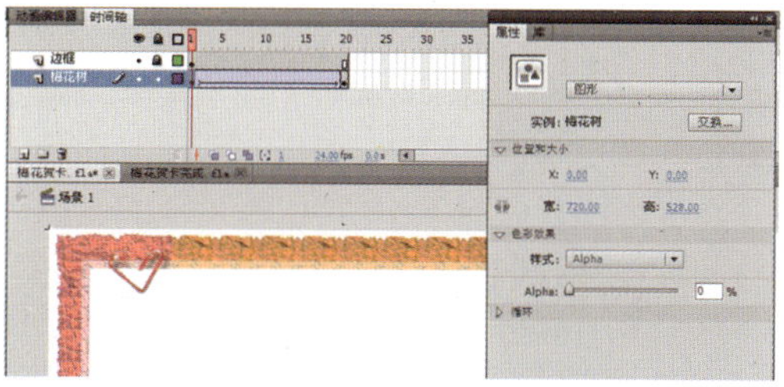

图4-7

图4-8

4.1.2　制作梅花开放和贺词动画

下面利用影片剪辑元件制作梅花开放和贺词动画，其操作步骤如下所述。

① 点击“确定”，进入“元件编辑”窗口。在图层1创建梅花开放的逐帧动画，第1、5、10、15、20帧的图形设置分别如图4-9和图4-10所示。

图4-9

图4-10

② 点击（新建图层）按钮，新建图层2。选择“图层2”的第19帧，按键盘中的F9键，打开“动作”面板，在“动作”面板的“脚本编辑窗口”添加“stop();”命令，如图4-11所示。

③ 点击“场景一”，退出元件编辑窗口。在场景一中新建三个图层，分别命名为“梅花1”、“梅花2”、“梅花3”，在“梅花1”图层的第25帧插入空白关键帧，按键盘中的Ctrl+L快

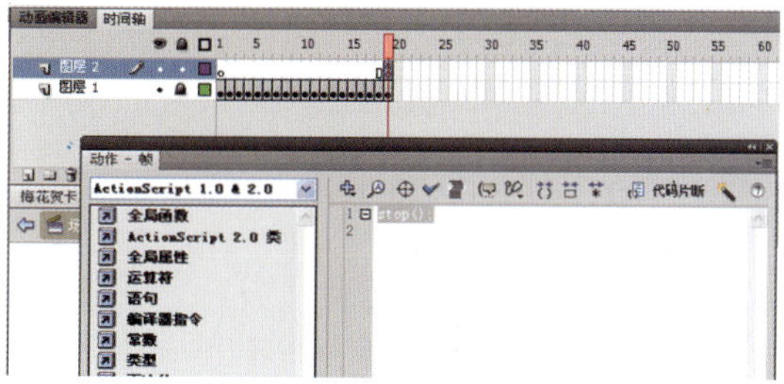

图4-11

捷键，打开“库”面板。将其中的影片剪辑元件“梅花”拖动到编辑窗口中合适的位置。按键盘中的Ctrl+T快捷键，打开“变形”面板，将元件等比例缩小到50%，如图4-12所示。

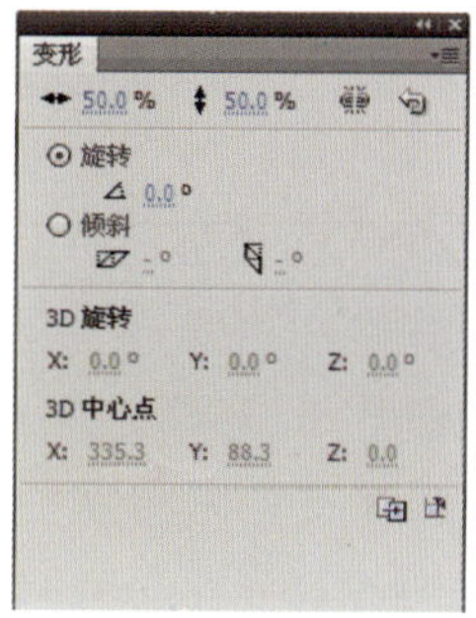

图4-12

④ 选择影片剪辑元件“梅花”，按住键盘中Alt键的同时拖动元件，再复制出两个元件，分别摆放到合适的位置。按照同样的方法在图层“梅花2”和图层“梅花3”创建梅花开放的效果。需要注意的是，图层的开始帧应该互相错开，使花能够分层次开放，最后调整元件到合适的位置。如图4-13所示。

图4-13

⑤ 执行“插入”>“新建元件”命令（或按Ctrl+F8快捷键），在弹出的对话框中设置名称为“文字贺词”，类型为“影片剪辑”。点击“确定”进入元件编辑窗口。在图层1的第一帧输入贺词文字，在文字属性面板设置合适的字体和颜色，如图4-14所示。

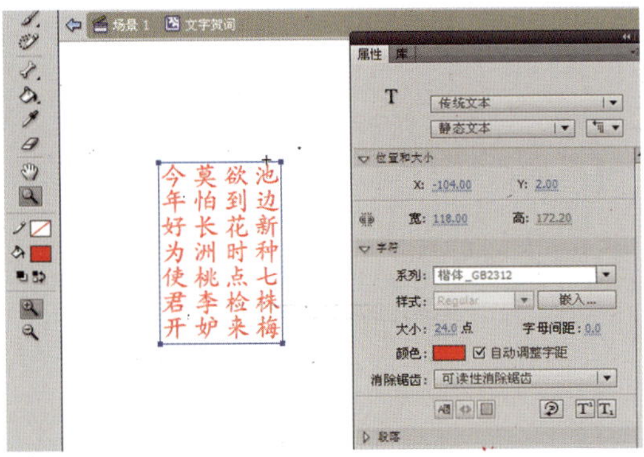

图4–14

⑥ 在“图层1”上新建“图层2”，选择“工具箱”中的 （刷子工具），运用逐帧动画效果，沿着文字的画笔进行描边，如图4-15所示。

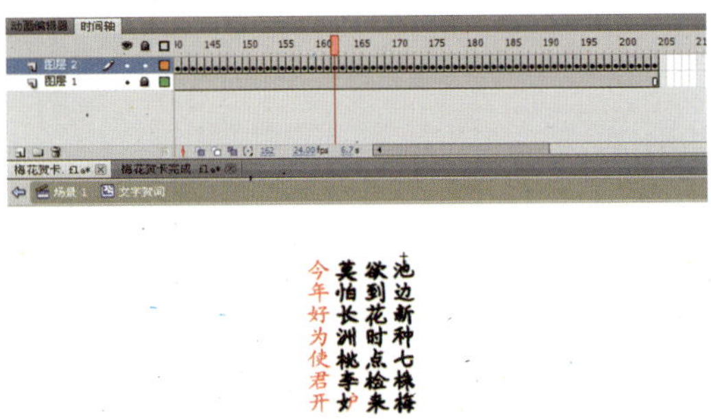

图4–15

⑦ 选择“图层2”，单击鼠标右键，在弹出的下拉菜单中选择“遮罩层”命令，制作遮罩动画。如图4-16所示。

⑧ 选择“图层2”的最后一帧，按键盘中的F9键，打开“动作”面板，在“动作”面板的“脚本编辑窗口”添加“stop();”命令。

⑨ 单击 按钮切换到场景舞台中，新建“图层6”，将其命名为“文字贺词”。在

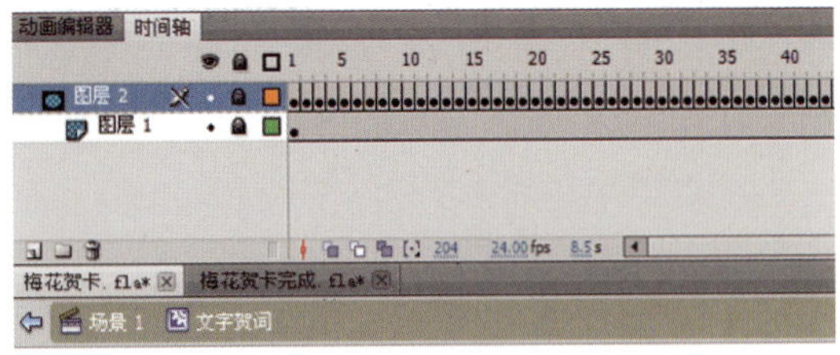

图4–16

“文字贺词”图层的第60帧插入空白关键帧，按键盘中的Ctrl+L快捷键，打开“库”面板。将其中的影片剪辑元件“梅花”拖动到编辑窗口中合适的位置。如图4-17所示。

图4–17

4.1.3 制作显示按钮动画

下面利用按钮元件制作按钮播放贺卡动画，其操作步骤如下所述。

① 新建“图层7”，将其命名为“文字”，在第265帧插入关键帧。选择“工具箱”中的“文本”工具，并在“属性”面板中选择“静态文本”，设置颜色为红色（#CC0000），字体为楷体_GB2312，字号为24。如图4-18所示。

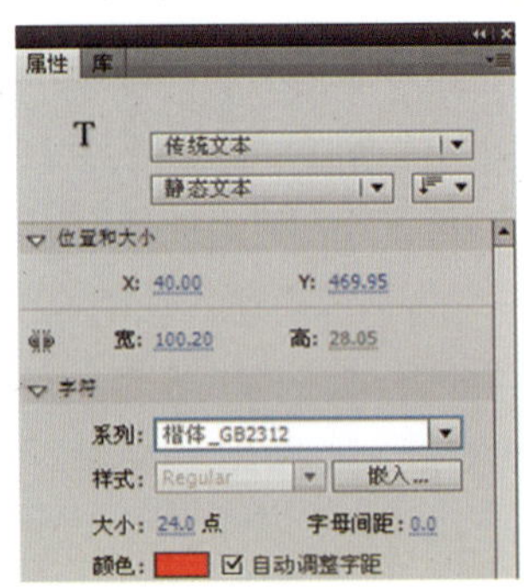

图4–18

② 在舞台中输入文字“新年快乐”，选择输入的文字，按键盘中的F8键将文字转换为图形元件，名称为“文字”。在“文字”图层的第280帧按F6键插入关键帧，在第265帧~第280帧之间创建传统补间动画，选择第265帧的元件，运用（任意变形工具）将元件等比例缩小。然后在“属性”面板中将其Alpha的数值设置为0%。

③ 新建“图层8”，将其命名为“文字2”，在“文字2”图层的第280帧插入关键帧，复制“文字”图层第280帧的文字元件，按Ctrl+Shift+V快捷键将复制的元件粘贴到“文字”图层的第280帧，选择第280帧的元件，将其向右移动一个单位。

④ 在“文字2”图层的第295帧插入关键帧，在第280帧~第295帧之间创建传统补间动画，选择第280帧的元件，在“属性”面板中将其Alpha的数值设置为0%。如图4 19所示。

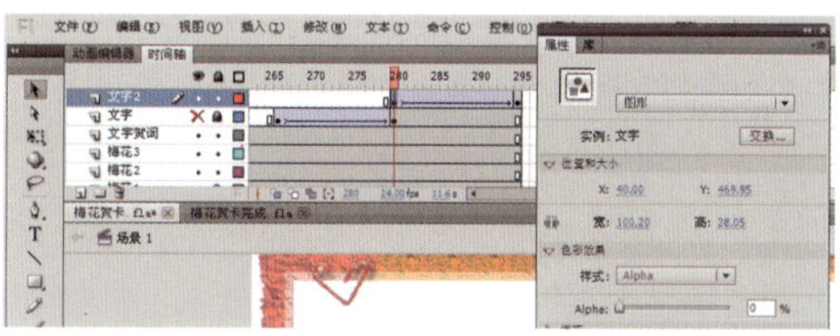

图4-19

⑤ 新建“图层9”，将其命名为“按钮”，执行“插入”>“新建元件”命令（或按Ctrl+F8快捷键），在弹出的对话框中设置名称为“按钮”，类型为“按钮”。如图4-20所示。

图4-20

⑥ 点击“确定”进入“按钮元件”编辑窗口，在“图层1”的“弹起”帧处，输入文字

图4-21

“REPLAY>>”。如图4-21所示。

⑦ 在“图层1”的“指针经过”帧处，按F6键插入关键帧。在“图层1”的“按下”帧处，按F6键插入关键帧，并将“按下”帧处的文字利用变形工具进行等比例放大。如图4-22所示。

图4-22

⑧ 在“图层1”的“点击”帧处，按F6键插入关键帧，利用（矩形工具）绘制按钮响应区域。如图4-23所示。

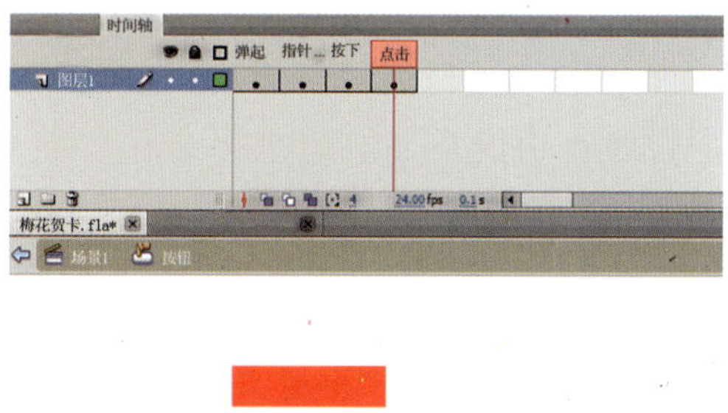

图4-23

⑨ 点击 场景1 按钮切换到场景舞台中，在“按钮”图层第295帧，按键盘中的Ctrl+L快捷键，打开“库”面板。将其中的按钮元件“按钮”拖动到编辑窗口中合适的位置。如图4-24所示。

图4-24

⑩ 在第295帧~第305帧之间创建传统补间动画，选择第295帧的元件，在“属性”面板中将其Alpha的数值设置为0%。

⑪ 新建“图层10”，将其命名为“代码”，在“代码”图层第305帧处插入关键帧，按键盘中的F9键，打开“动作”面板，在“动作”面板的“脚本编辑窗口”添加“stop();”命令。如图4-25所示。

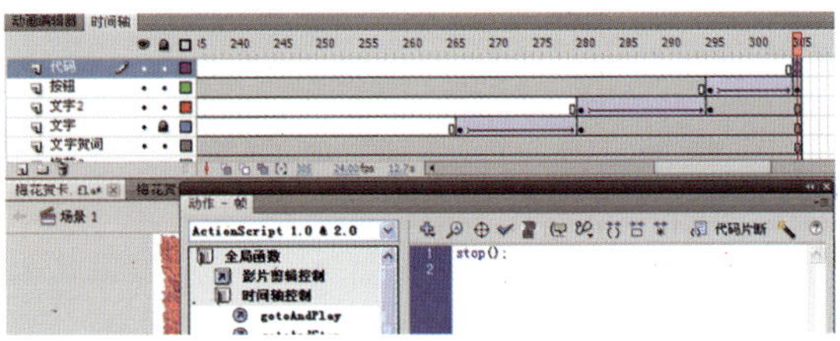

图4-25

⑫ 点击“按钮”图层第305帧的按钮元件，按键盘中的F9键，打开“动作”面板，在“动作”面板的“脚本编辑窗口”添加如下命令：

```
on (release) {
gotoAndPlay(1);
}
```

⑬ 按键盘的Ctrl +Enter键，弹出“测试影片”窗口，观看测试效果。

⑭ 关闭测试窗口，执行“文件”>“保存”命令，将该文件保存为“梅花贺卡.fla”动画文件。

4.2 梅花贺卡动画项目知识点

（1）元件的使用

元件就是存放在“库”面板中的素材。在使用元件时，不仅可以方便地把所需元件从本文件的元件库中拖出来，还可以使用另外一个Flash文件的元件库。这大大提高了动画创作的效率。

（2）元件的类型

Flash中的元件有多种类型，但是有些类型的元件并不是我们自己创建的，比如声音和位图等。当我们将它们导入到Flash中时，它们就被当作元件自动存放在“库”面板中了。有一些类型的元件是由我们自己创建的，包括图形、按钮和影片剪辑。

图形元件可用于静态图像，并可用来创建连接到主时间轴的可重用动画片段。图形元件与主时间轴同步运行。交互式控件和声音在图形元件的动画序列中不起作用。

按钮元件可用于创建响应鼠标单击、滑过或其他动作的交互式按钮。可以定义与各种按钮状态关联的图形，然后将动作指定给按钮实例。

影片剪辑元件可用于创建可重用的动画片段。影片剪辑拥有它们自己的独立于主时间轴的多帧时间轴。可以将影片剪辑看作是主时间轴内的嵌套时间轴。它们可以包含交互式控件、声音甚至其他影片剪辑实例，也可以将影片剪辑实例放在按钮元件的时间轴内以创建动画按钮。

（3）创建实例

创建元件之后，可以在文档中任何需要的地方（包括在其他元件内）创建该元件的实例。当修改元件时，Flash会更新该元件的所有实例。

创建实例的方法很简单，将元件从“库”面板拖至舞台或其他元件中，即可创建这个元件的实例。

创建完实例后，可以利用“属性”面板调节实例的颜色、透明度等效果，也可以使用“工具”面板中的“任意变形工具”编辑实例的外形。这些修改对元件不产生任何影响，只改变实例本身。

4.3 梅花贺卡动画项目进阶练习：中秋节贺卡制作

要求：

① 贺卡文件大小为550像素×300像素，帧频率为12fps，背景颜色不限。

② 贺卡创意以中华文化传统题材为内容，贺卡要具有浓郁的传统风格和节日氛围。

③“中秋佳节”文字使用书法体，必须出现在贺卡中。还可以适当增加其他文字，比如古代的诗词歌赋，内容要和中秋节相关。

④ 贺卡中使用到的图形、按钮或其他元件都放置在“库”面板中统一管理。名称要规范，元件要使用合理。

⑤ 添加简单的控制按钮，如停止、播放、重播等。

第5章　多媒体应用及影片发布

在Flash中除了可以对动画进行编辑外，还可以对声音和视频等多媒体素材进行编辑应用。通过这些多媒体素材的引用，可以使制作的动画更加生动逼真，也能给人以身临其境的感觉。实训项目一结合一个思念贺卡实例介绍了多媒体在Flash中的应用。

5.1　实训项目一　思念MV制作

项目分析：

声音是这个丰富多彩的世界中一个重要的组成部分。即使是一些简单的音调，也能吸引人们的注意力，给人们留下深刻的印象。音效和音乐，对于任何一个Flash动画都是非常重要的。几乎所有出色的动画，其所挑选的音乐都是精选的，甚至有很多Flash动画的音效都是由专门人士特意制作的。由此可见，一个Flash影片的好坏有一大部分因素取决于音乐挑选的好坏。所以说声音是动画作品的灵魂，一段好的音效或音乐可以使动画产生意想不到的效果。

5.1.1　思念MV项目制作

（1）导入声音文件

Flash既可以为整部影片添加声音，也可以单独为影片中的某个影片剪辑或按钮元件添加声音。在Flash中有两种声音类型，即事件声音和数据流声音。事件声音必须在影片完全下载后才能播放，而数据流声音则在影片下载过程中就可以播放。

Flash可以支持的声音文件格式有：WAV、MP3和AIFF（仅限苹果机）。

① 打开文件，执行“文件”>“打开”命令（或按住Ctrl+O快捷键），弹出“打开”对话框，选择“素材文件第5章/思念.fla”文件，

将其打开。如图5-1所示。

图5-1

② 导入文件，执行“文件”>“导入”>“导入到舞台”命令或“导入到库”命令（也可按住Ctrl+R快捷键），弹出“导入”对话框，同时选中“素材文件第5章”中的ding.mp3、oceano.mp3、seagull.mp3、tears.mp3文件，单击“打开”按钮，即可将所选声音文件导入到当前的Flash文档中。如图5-2所示。

图5-2

③ 导入的声音文件被存放在“库”中。单击窗口右侧的 库（或按住Ctrl+L快捷键），展开“库”面板，可以看到所选的声音文件已被导入，如图5-3所示。选中相应的声音文件，可以在上面的预览窗口中观看其波形图，也可以按▶预听声音文件的内容。

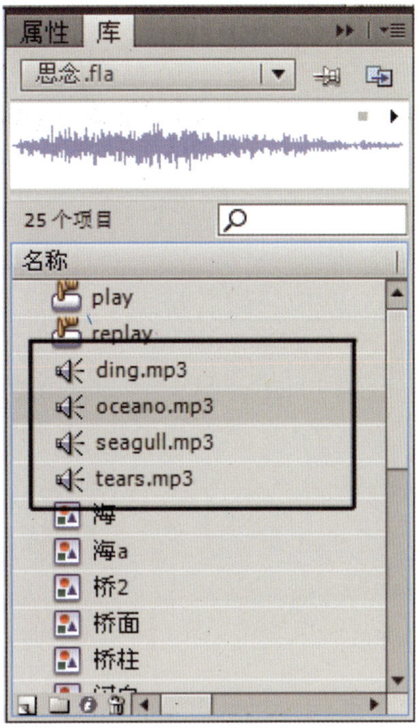

图5-3

（2）为影片剪辑添加声音

① 在“库”面板中找到“海鸥”影片剪辑元件，双击将其打开。单击时间轴下方的（新建图层）按钮，新建一个图层，双击将其名字改为“sound”（一般情况下，声音文件要放在一个独立图层上）。如图5-4所示。

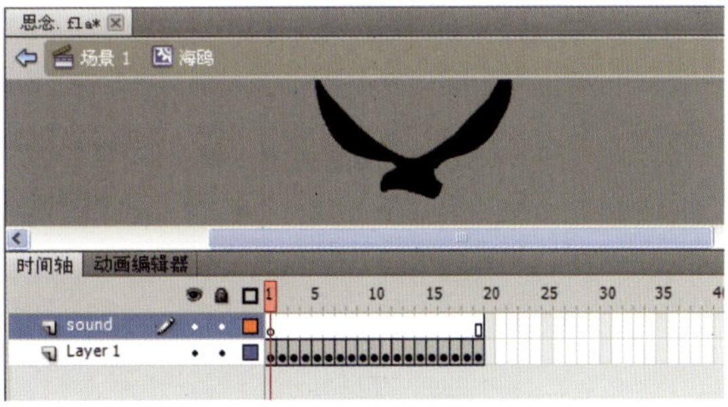

图5-4

② 选择图层“sound”的第12帧，按F7键插入一个空白关键帧。然后选择“库”面板中的seagull.mp3，将其拖拽至场景中，即可将该声音添加到影片剪辑的指定帧中。如图5-5所示。

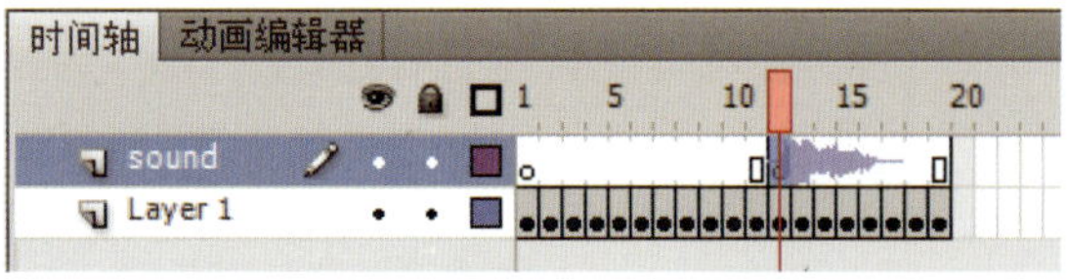

图5-5

另外，也可以选择插入空白关键帧，然后单击窗口右侧的 属性 （或按住Ctrl+F3快捷键），展开“属性”面板。选择其中“声音”>“名称”下拉列表中的seagull.mp3，也可将声音加入到影片剪辑中。如图5-6所示。

如果想删除声音，选择包含声音效果的任意帧，在“声音”>“名称”下拉列表中选择“无”选项即可。

③ 将当前指针置于第1帧，按Enter键播放影片，预览动画效果。如果动画与声音的位置关系不合适，可通过改变关键帧的位置来调整。调整合适后，点击 场景 1 回到“场景1”中。

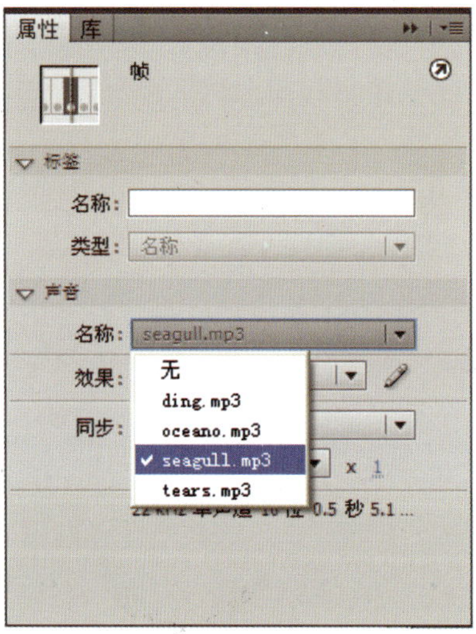

图5-6

④ 利用类似的方法，为“海浪”影片剪辑添加声音“oceano.mp3”，如图5-7所示。

（3）为按钮添加声音

① 在“库”面板中找到“play”按钮元件，双击将其打开。单击时间轴下方的 （新建图层）按钮，新建一个图层，双击将其名字改为“sound”。如图5-8所示。

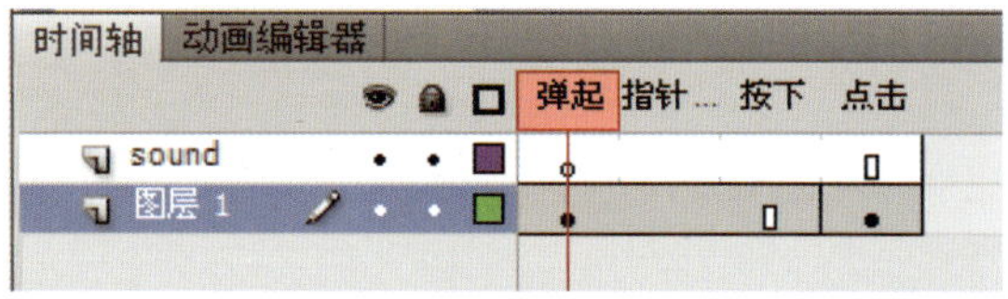

图5-8

② 选择图层“sound”的“指针经过”帧，按F7键插入一个空白关键帧。然后选择“库”面板中的“ding.mp3”，将其拖拽至场景中（或在“属性”面板中进行选择），即可将该声音添加到按钮元件的指定帧上。如图5-9所示。

③ 将当前指针置于“弹起”帧，按Enter

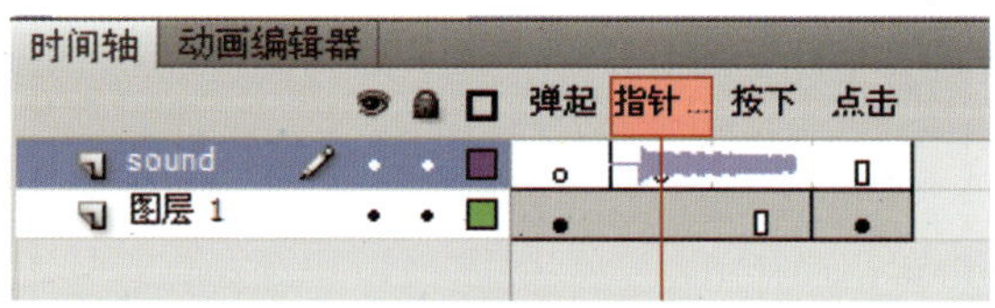

图5-9

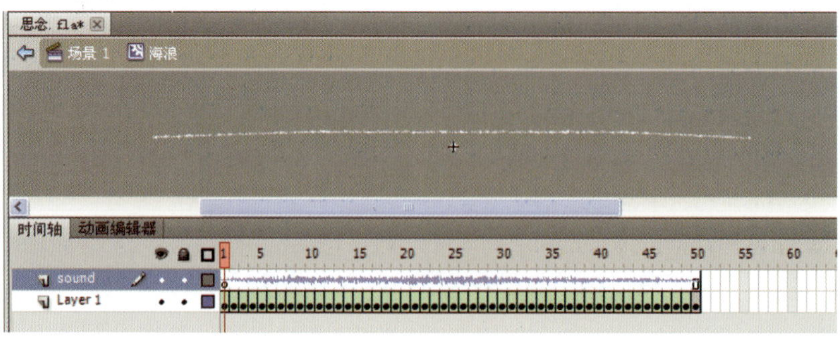

图5-7

键预览动画效果。调整合适后，点击 场景1 回到“场景1”中。利用类似的方法，为“replay”按钮元件同样添加声音“ding.mp3”。

（4）为影片添加声音

① 在“场景1”中选择“按钮”图层，单击时间轴下方的 （新建图层）按钮，新建一个图层，双击将其名字改为“音乐”。如图5-10所示。

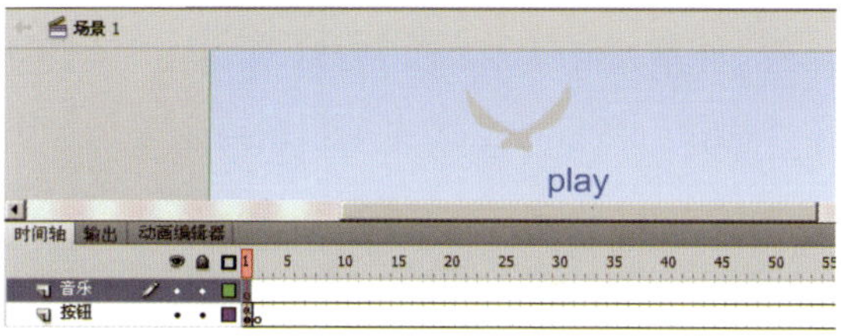

图5-10

② 选择“音乐”图层的第2帧，按F7键插入空白关键帧。然后选择“库”面板中的“tears.mp3”，将其拖拽至场景中（或在“属性”面板中进行选择），即可将该声音添加到影片中。如图5-11所示。

③ 将当前指针置于第1帧，按“Enter”键播放影片，预览动画效果。如果声音的位置不合适，可通过改变关键帧的位置来调整。

5.1.2 编辑声音

声音导入后有时不一定符合要求，还需要进一步对其进行编辑设置。

5.1.2.1 声音的同步设置

① 在“库”面板中双击打开“海浪”影片剪辑元件，选择“sound”图层中包含声音效果的任意帧，单击窗口右侧的 属性，打开“属性”面板。选择其中“声音”>“同步”下拉列表中的“事件”选项。如图5-12所示。

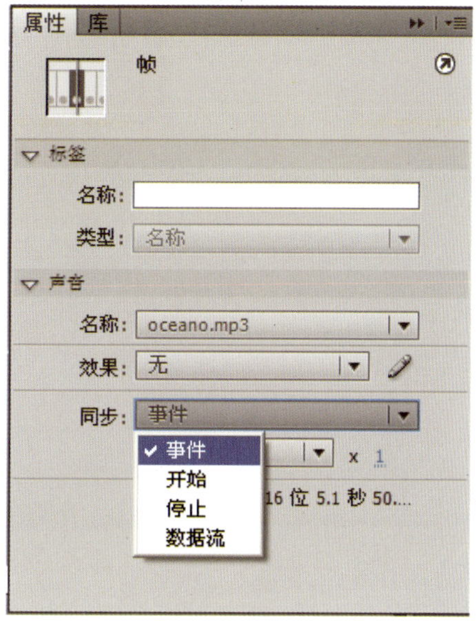

图5-12

在“声音”>“同步”下拉列表中有事件、开始、停止、数据流四个选项，各自的功能如下所述。

- 事件：在起始关键帧显示时开始播放，并独立于时间轴播放完整的声音，即使动画停止，声音也会继续播放。一般在制作按钮声音或不需要控制背景声音播放时使用。
- 开始：与“事件”选项相似。但如果声音正在播放，使用“开始”选项则不会播放新的声音实例。
- 停止：结束声音文件的播放。
- 数据流：强制动画和声音同步，会随着动画的停止而停止。

② 利用类似的方法，将“海鸥”影片剪辑元件、“play”和“replay”按钮元件的声音同

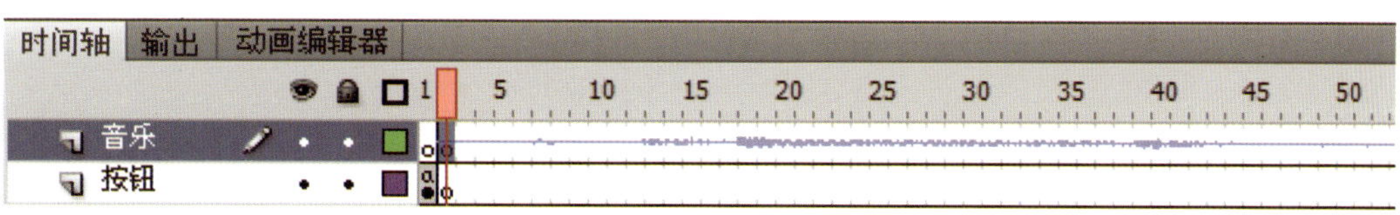

图5-11

步均设置为“事件”。

注意按钮元件的声音同步一般要设置为“事件”或“开始”，否则可能会听不到所设置的声音。

③ 在“场景 1 ”中，选择“音乐”图层中包含声音效果的任意帧，打开“属性”面板。

a．选择“声音”>“同步”下拉列表中的“数据流”选项，按Ctrl +Enter键观看测试效果。会发现当出现“replay”按钮时，音乐的声音也停止了。

b．选择“开始”选项，按Ctrl +Enter键观看测试效果。会发现动画第一遍播放正常，但单击“replay”按钮时，动画重新播放，但音乐并不是重新开始，而是接着前面继续播放。

c．选择“事件”选项，按Ctrl +Enter键观看测试效果。会发现动画第一遍播放也是正常的，但当单击“replay”按钮时，第一遍的音乐并没有结束，而是与第二遍的音乐重叠在一起了。

④ 为了解决这个问题，需要利用一些脚本来控制。

a．在“库”面板中双击“tears.mp3”，打开“声音属性”对话框，如图5-13所示。

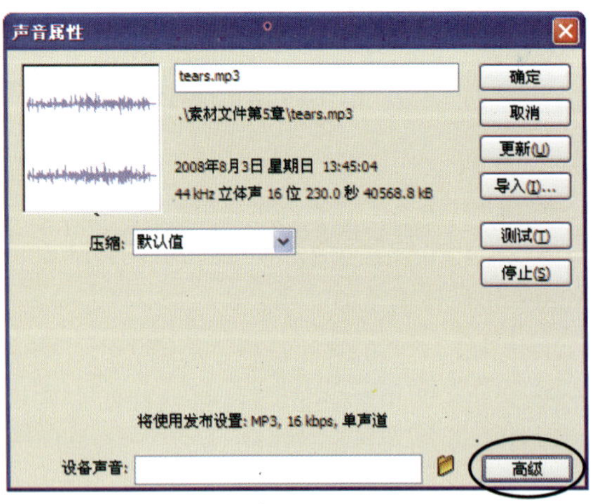

图5–13

b．单击“声音属性”对话框下面的“高级”按钮，展开其他参数选项，在“链接”>“标识符”中输入一个标识符名称，如

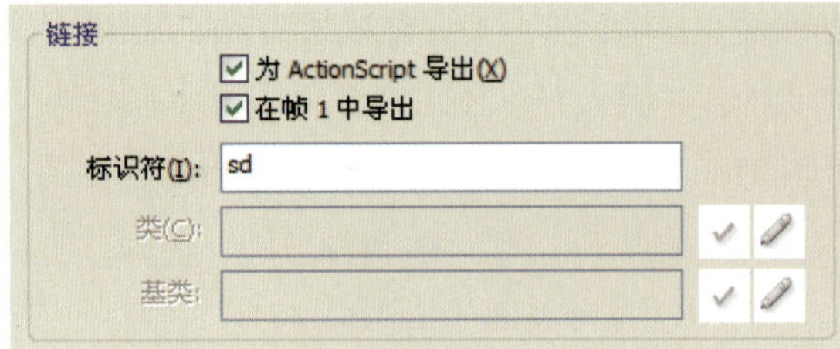

图5–14

sd。如图5-14所示。

c．在“场景1”中选择“音乐”图层的第1帧，按键盘中的F9键，打开“动作”面板。在“动作”面板的“脚本编辑窗口”添加如下命令：

```
mysong = new Sound ( ) ;
mysong.attachSound ("sd") ;
```

d．在“场景1”中选择最后1帧的“replay”按钮，按键盘中的F9键，打开“动作”面板，在on事件后的大括号中添加命令：mysong.stop ( ) ;

e．将声音的同步设置为“事件”或“开始”，按Ctrl +Enter键观看测试效果。会发现出现“replay”按钮时，音乐仍继续播放；当单击“replay”按钮时，音乐与动画将一起重新开始。

5.1.2.2　声音的效果设置

① 在“库”面板中双击打开“海浪”影片剪辑元件，选择“sound”图层中包含声音效果的任意帧，单击窗口右侧的 属性，打开“属性”面板。选择其中“声音”>“效果”下拉列表中的“淡出”选项。如图5-15所示。

在“声音”>“效果”下拉列表中有“无”、“左声道”、“右声道”等8个选项，各自的功能如下所述。

- 无：没有效果。
- 左声道：仅播放左声道中的声音。
- 右声道：仅播放右声道中的声音。
- 向右淡出：左声道的声音逐渐减小，同时

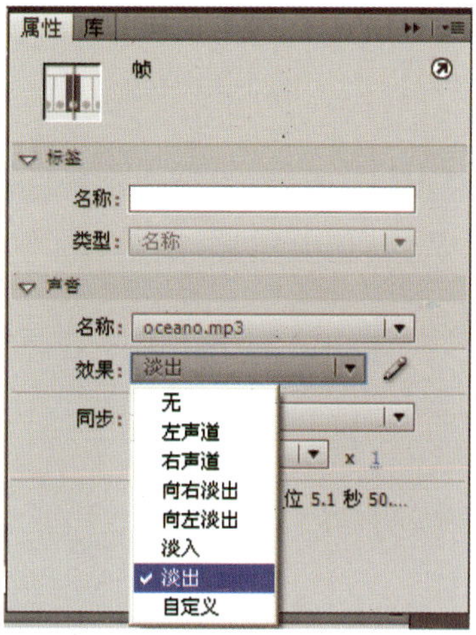

图5-15

右声道的声音逐渐增大。

- 向左淡出：右声道的声音逐渐减小，同时左声道的声音逐渐增大。
- 淡入：声音在开始播放的一段时间内将逐渐增大，直到达到最大音量。
- 淡出：声音在结束播放的一段时间内将逐渐减小，直到消失。
- 自定义：自行设置声音效果，详见5.1.2.3节。

② 按Ctrl +Enter键，弹出测试影片窗口，观看测试效果。

5.1.2.3　声音的自定义设置

（1）调整声音音量

通过前面测试，我们发现“海鸥”和“海浪”的声音太大，使背景音乐的声音听不清了。下面对其音量的大小进行调整。

① 在“库”面板中双击打开“海鸥”影片剪辑元件，选择“sound”图层中包含声音效果的任意帧。单击窗口右侧的属性，打开“属性”面板。单击“声音”>“效果”后面的（编辑声音封套）按钮，打开“编辑封套”对话框。如图5-16所示。

② “编辑封套”对话框中的上下波形分别代表了左右声道，波形上方的线为音量控制线，越靠近上方音量越大，越靠近下方音量越小。音量控制线上的小方块为音量控制点，利用鼠标拖拽音量控制点可以改变音量控制线的位置，从而改变音量的大小。此处，我们将左右声道的音量控制线都调至下五分之一的位置。如图5-17所示。

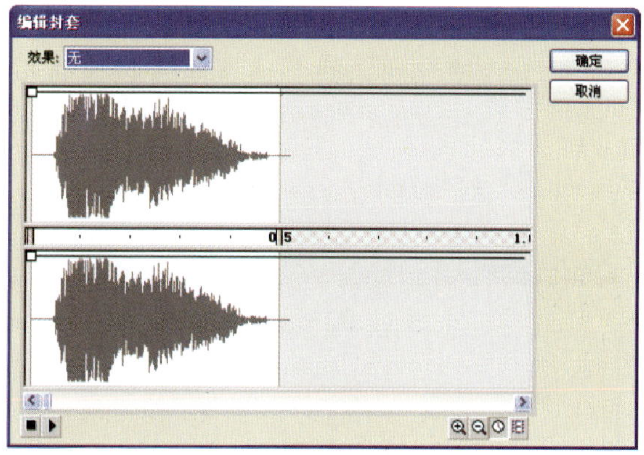

图5-16

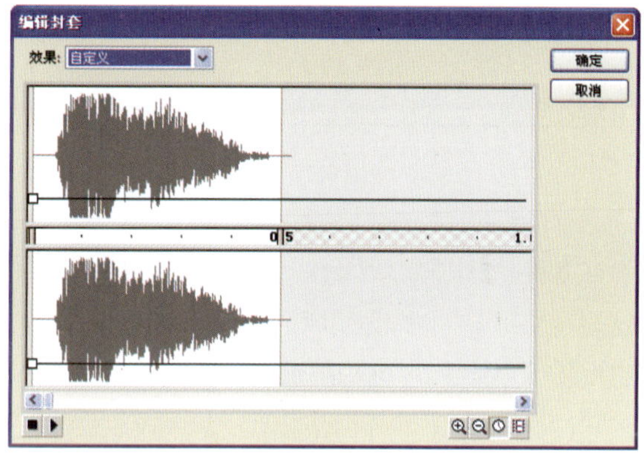

图5-17

③ 将当前指针置于第1帧，按Enter键播放影片，预览动画效果。调整合适后，点击场景1回到“场景1”中。

④ 利用类似的方法，将“海浪”影片剪辑元件的音量也作适当调整。

（2）声音的剪辑

① 在“场景1”中选择“音乐”图层中包含声音效果的任意帧，打开“属性”面板，单击（编辑声音封套）按钮，打开“编辑封套”对话框。

② 利用鼠标拖拽左右声道中间的滑块至第33帧位置（可借助“放大”、“缩小”按钮和辅助操作），设置声音播放的起始位置。如图5-18所示。

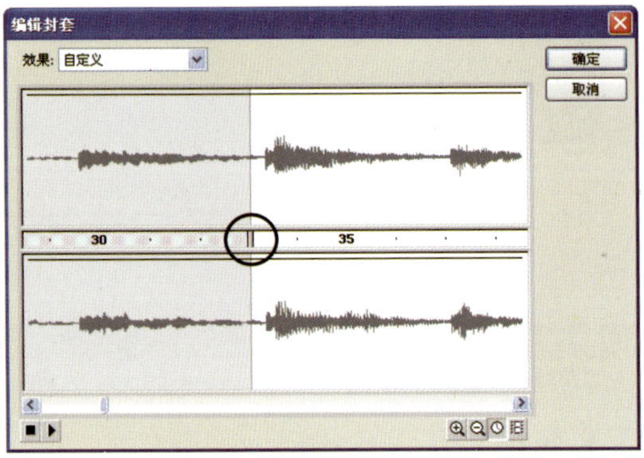

图5-18

③ 利用相似的方法，利用鼠标拖拽结束部分的滑块，可以设置声音播放的结束位置。

④ 设置好后，按Ctrl +Enter键观看测试效果。

（3）自定义声音的淡出淡入

通过上例测试影片我们发现，音乐开始播放时稍有些生硬，下面对其进行淡出淡入的设置。

① 在“编辑封套”显示区域的第33帧和第35帧处分别单击，添加两个音量控制点（拖拽音量控制点至显示区域之外，可删除音量控制点）。利用鼠标拖拽将第一个音量控制点调整至最低值，即可完成声音淡入的设置。如图5-19所示。

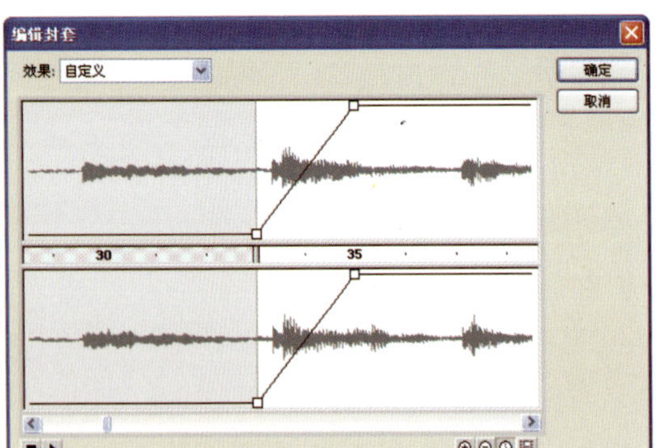

图5-19

② 利用相似的方法，也可以设置其结尾声音的淡出效果，如图5-20所示。

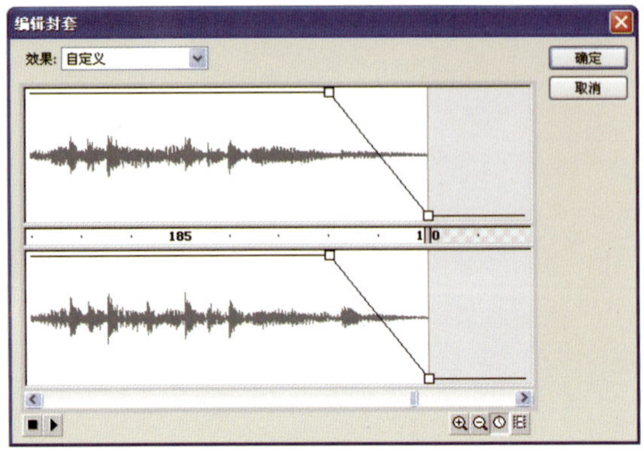

图5-20

③ 设置好后，按Ctrl +Enter键观看测试效果。如果不合适，可打开“编辑封套”对话框，重新进行设置。

5.1.2.4 文字与声音的对位

在制作动画时，有时需要后期配音，那么如何将画面中的文字与对应的声音进行对位（这在制作MV时更为常见），是一个比较棘手的问题。下面就结合前面的贺卡动画来讲解一下。

① 连接好麦克风，打开Windows中自带的录音机（或其他声音处理软件），录制一段所需的声音：远方的你，还好吗？……我好想你……

② 将所录制的声音保存成MP3或WAV格式（录音机所录制的声音只能保存成WAV格式），此处将文件保存为“配音.wav”。

③ 打开前面编辑的“素材文件第5章/思念.fla”文件，在“场景1”中选择“音乐”图层，单击时间轴下方的（新建图层）按钮，新建一个图层，双击将其名字改为“声音”。

④ 选择“声音”图层的第85帧，按F7键插入一个空白关键帧，导入前面录制好的声音文件“配音.wav”。如图5-21所示。

⑤ 选择“声音”图层中包含声音效果的任

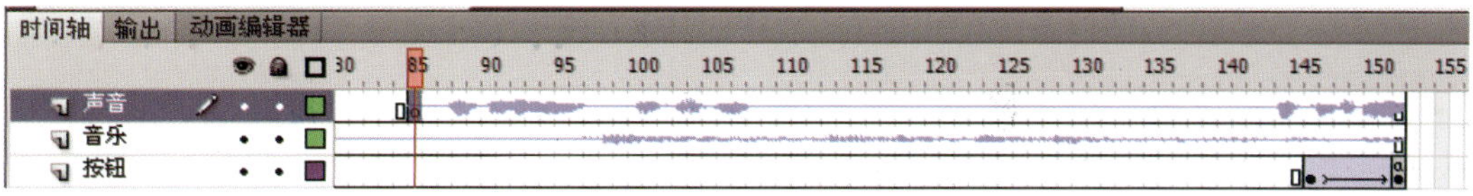

图5–21

意帧，在“属性”面板中将“声音”>“同步”设置为“事件”、“重复”×1。

⑥ 将当前指针置于该声音前面的任意帧，按Enter键播放影片，观看结果。

⑦ 选择“声音”图层，单击 （新建图层）按钮，再新建一个图层，双击将其名字改为“文字”。

⑧ 在“文字”图层中，对应“声音”图层中两句话波形开始的位置分别按F7键插入空白关键帧，并分别输入对应的文本内容。在第88帧输入文本“远方的你，还好吗”，在第144帧输入文本“我好想你……”，如图5-22所示。

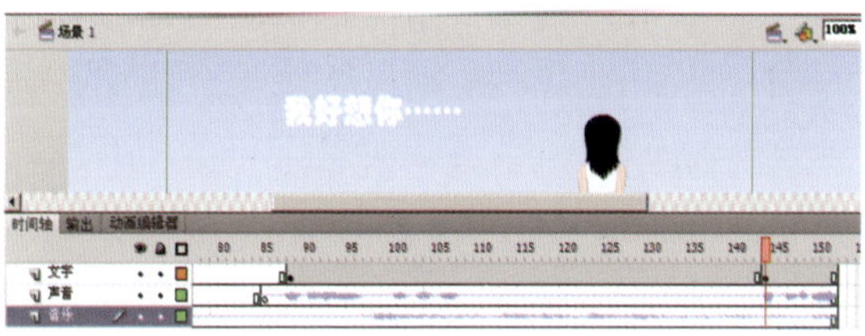

图5–22

⑨ 为了编辑方便，可以为每段文本设置对应的帧标签。选择第88帧，打开“属性”面板，在其中的“标签”>“名称”中输入“远方的你，还好吗”，如图5-23所示。用同样的方法，将第144帧的帧标签设置为“我好想你”。

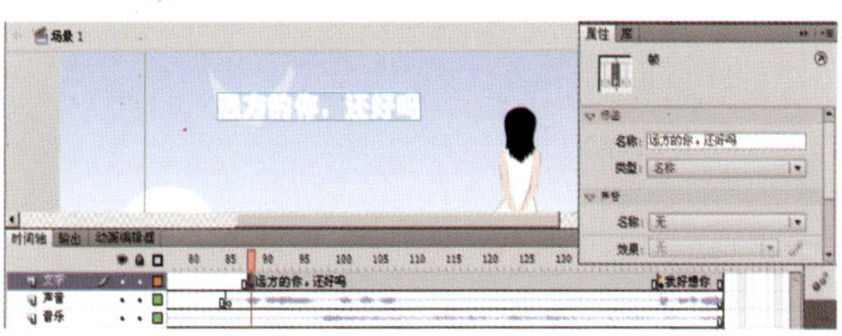

图5-23

⑩ 将当前指针置于该段声音前面的任意帧，按Enter键播放影片，反复观看结果。如果文字与声音的位置不合适，可通过改变关键帧的位置来作进一步调整，直至达到满意效果为止。

在制作MV时，需要进行歌词与歌曲的对位，其方法与上面所讲的类似。当歌词较多时，也可以结合“Lrc歌词编辑器”来辅助完成。利用该软件可以找出每句歌词出现的具体时间，根据这个信息，便可以在Flash中轻松地完成歌词与歌曲的对位。如图5-24所示。

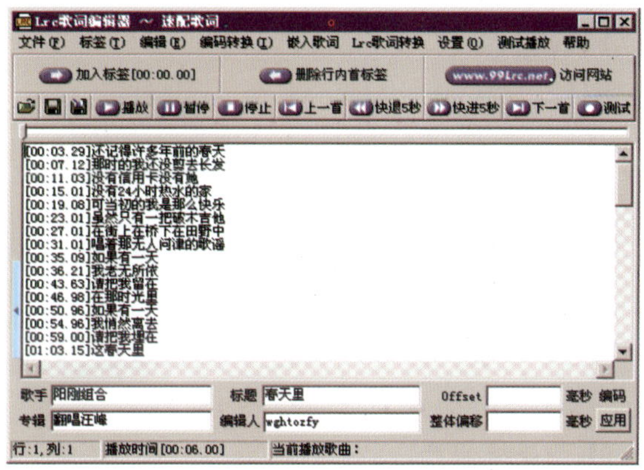

图5-24

⑪ 如果想将文字设置成淡入淡出的效果，可以将每段文字分别转换为元件，再进行透明度动画的设置。例如将原来的两段文字分别调整至第85帧和第141帧，并在第98帧、第118帧、第131帧和第152帧分别按F6键插入关键帧。

⑫ 分别在第85帧~第98帧之间、第118帧~第131帧之间、第141帧~第152帧之间创建传统补间动画，并分别选中第85帧、第131帧和第141帧的元件，在“属性”面板中将Alpha的值设置为0%。如图5-25所示。

⑬ 按Ctrl+Enter键进行影片测试，反复对

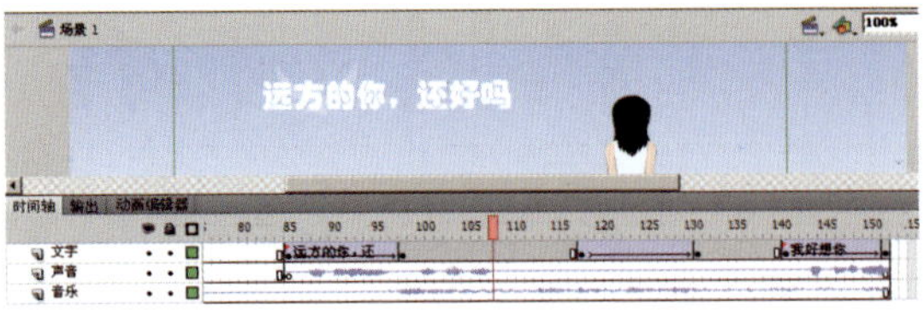

图5-25

其进行调整，直至达到满意效果为止。

5.1.2.5　声音的压缩

Flash动画在导入声音后，文件的大小将受到影响。在导出影片时，通常要对声音进行压缩，以便控制单个声音文件的导出质量和大小。如果没有定义声音的设置，Flash将使用系统默认的声音设置来导出声音。

① 在“库”面板中双击tears.mp3，打开“声音属性”设置对话框。

② 在“压缩”下拉列表中选择“MP3”选项，如图5-26所示。

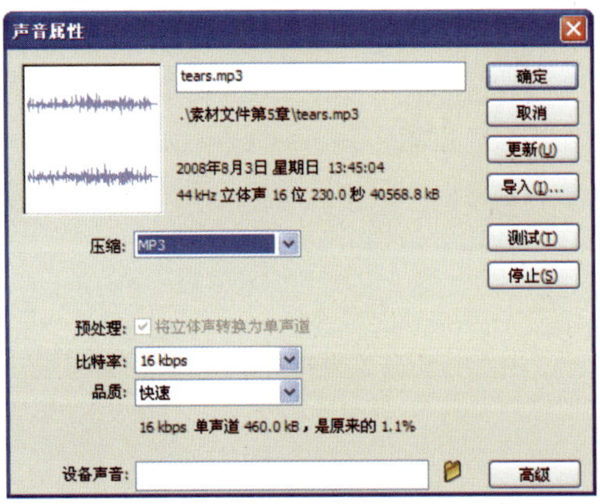

图5-26

在“压缩”下拉列表中各选项的功能介绍如下。

●默认值：按照Flash的默认设置压缩声音。

●ADPCM压缩：适用于压缩时间较短的声音文件，例如按钮中的声音。

●MP3压缩：适用于压缩像乐曲这样时间较长的声音文件。

●原始压缩：在导出声音时不进行压缩，适用于需要较高质量的声音效果的影片。

●语音压缩：这种方式可以在低位速度下运行，且性能比MP3更优越。

③ 设置完成后，单击“确定”按钮。

④ 利用类似的方法，将“ding.mp3”、“seagull.mp3”的压缩方式设置为“ADPCM”，将“oceano.mp3”的压缩方式设置为“MP3”，将“配音.wav”的压缩方式设置为“语音”。

⑤ 对影片进行最后的调整，按Ctrl +Enter键观看测试效果。

⑥ 执行“文件”>“保存”命令（或按住Ctrl+S快捷键），将文件保存。

5.1.3　导入视频

Flash除了可以编辑声音之外，还可以对视频文件进行编辑处理。

① 执行“文件”>“打开”命令（或按住Ctrl+O快捷键），弹出“打开”对话框，选择“素材文件第5章/思念.fla”文件，将其打开。

② 选择“光点”图层，单击时间轴下方的（新建图层）按钮，新建一个图层并命名为“大海视频”，然后将其下方的所有图层删除。选择图层的第2帧，按F7键插入一个空白关键帧。

③ 执行“文件”>“导入”>“导入视频”命令（也可以利用“导入到舞台”或“导入到库”），弹出“导入视频”对话框。如图5-27所示。

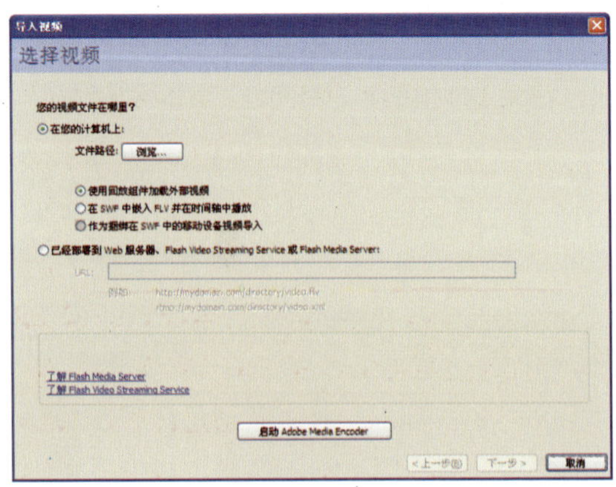

图5-27

④ 在“选择视频”界面中单击“文件路径”后的“浏览”按钮，弹出“打开”对话框，选择“素材文件第5章/大海.flv”文件，然后单击“打开”按钮。

⑤ 选择“在SWF中嵌入FLV并在时间轴中播放”选项，然后单击“下一步”按钮。前两个选项的功能如下所述。

●使用回放组件加载外部视频：导入视频并创建FLVPlayback组件的实例以控制视频回放。

●在SWF中嵌入FLV并在时间轴中播放：将FLV嵌入到Flash文档中，该视频放置于时间轴中，可以看到时间轴帧所表示的各个视频帧的位置。

⑥ 在“嵌入”界面的“符号类型”的下拉列表中选择“影片剪辑”选项，然后单击“下一步”按钮。如图5-28所示。

在此下拉列表中有三个选项，其功能分述如下。

●嵌入的视频：将视频直接放置于时间轴中。

●影片剪辑：将视频以影片剪辑的形式放置于时间轴中。

●图形：将视频以一帧静止图形的形式放置于时间轴中。

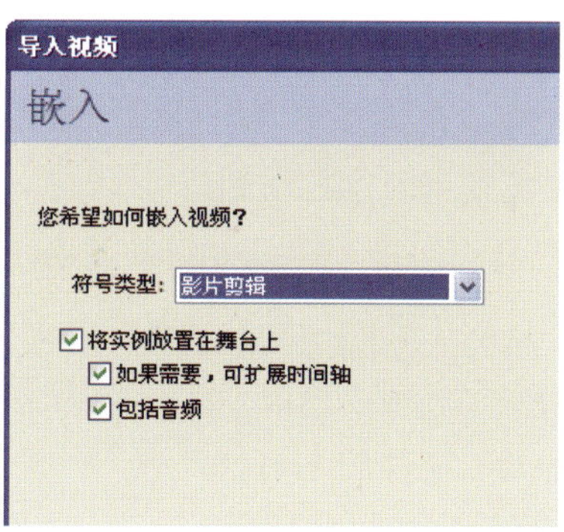

图5-28

⑦ 在“完成视频导入”界面中检查设置的导入信息，确认无误后，单击“完成”按钮。可以看到，视频文件“大海.flv”已被导入到“大海视频”图层中。如图5-29所示。

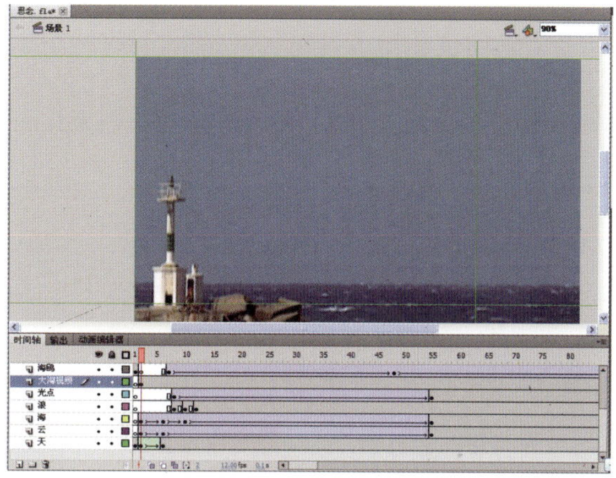

图5-29

⑧ 选择工具箱中的（任意变形工具），对导入的大海视频文件进行大小和位置的调整。如图5-30所示。

图5-30

⑨ 选择“大海视频”图层的第7帧，按F6键插入一个关键帧。将当前指针置于第2帧，利用鼠标选中舞台中的视频文件，将“属性”面板中“色彩效果”>“样式”>“Alpha”值设置为0%。

⑩ 在“大海视频”图层的第2帧和第7帧之间的任意位置单击鼠标右键，选择快捷菜单中的“创建传统补间”命令。

⑪ 对影片进行最后的调整，按Ctrl +Enter键观看测试效果。

⑫ 执行“文件”>“保存”菜单命令（或按住Ctrl+S快捷键），将文件保存。

5.1.4 思念MV项目知识点

（1）Flash支持的声音文件格式

Flash可以支持的声音文件格式有WAV、MP3和AIFF（仅限苹果机）等。

① WAV格式直接保存声音采样数据，数据不经过压缩，所以音质最好，所占磁盘空间也最大。

② MP3是将WAV声音数据进行特殊的数据压缩后产生的一种声音文件格式。MP3是专门用来压缩影像中的伴音的技术，具有体积小、声音质量高、制作和播放简单的特点。

③ AIFF是Apple公司开发的一种声音文件格式，被苹果机平台及其应用程序所支持。AIFF应用于个人电脑及其他电子音响设备以存储音乐数据。

（2）Flash支持的视频文件格式

Flash可以支持的视频文件格式有FLV、AVI、MOV和MPG格式等。

① FLV流媒体格式是一种新的视频格式。由于它形成的文件极小、加载速度极快，使得网络观看视频文件成为可能。

② AVI格式是由微软公司开发的一种数字音频与视频文件格式。其优点是图像质量好，可以跨多个平台使用；缺点是体积过于庞大，而且压缩标准不统一。

③ MOV格式是美国Apple公司开发的一种视频格式。它具有很高的压缩比率和较完美的视频清晰度。其最大的特点是跨平台，它不仅支持Mac OS，也支持Windows系列操作系统。

④ MPG格式压缩效率高，同时图像和音响的质量也非常好，并且在电脑上有统一的标准格式，兼容性好，现已被几乎所有的计算机平台共同支持。

5.1.5 思念MV项目进阶练习：MV制作

要求：

① 选择任何一首自己喜欢的歌曲作为声音文件，创意制作这首歌曲的简单MV影片。

② MV影片的动画形式不限，整体的风格要和歌曲内容相协调，画面色调统一，具有一定的美感。

③ MV动画节奏感强，画面内容要和音乐节奏相一致，画面出现歌词内容，并且歌词要和音乐声音相匹配。

④ 文件大小不限，帧数为24fps，音乐文件不能少于60秒。

5.2 实训项目二 优化影片

项目分析：

Flash影片制作完成后，需要对其进行测试和修改。在测试过程中，除了要解决影片中存在的问题外，还有一项重要任务，就是优化。通过优化可以使影片体积变小，确保它流畅地进行播放。

5.2.1 优化文档

优化文档的具体操作如下：

① 对于多次重复使用的元素，一定要将其转换为元件。在影片中调用该元件的实例，要比直接重复使用元素占用的资源少。

② 只要有可能，尽量使用补间动画。比起逐帧动画，使用补间动画更能减小文件大小。

③ 删除没有必要的关键帧，即使是空白关键帧也会增加文件的大小。

④ 尽可能多地将元素组合。

⑤ 使用图层，将在动画播放过程中发生变化的元素与没有任何变化的元素分开。

⑥ 对于动画序列，定义成影片剪辑元件而

不是图形元件。

⑦ 多使用矢量图形，少用位图图像。即使使用矢量图形，也要尽量减少矢量图形的复杂程度。

⑧ 导入的位图图像文件尽可能小一点，并以JPEG方式压缩。尽量避免对位图元素进行动画处理。

⑨ 对于使用的声音和视频文件进行适当压缩。音效文件最好以MP3方式压缩；视频文件最好以FLV格式压缩。

5.2.2　优化线条

优化线条的具体操作如下。

① 使用“修改”>“形状”>“优化”命令（或按住Ctrl+Alt+Shift+C快捷键），对其中的曲线进行优化，减少一些不需要的曲线以减小文件大小。如图5-31所示。

图5-31

② 尽可能限制使用一些特殊线条类型（如虚线、点线等），实线比这些特殊线条占用的资源要少得多。

③ 用“铅笔工具”绘制的线条比用“刷子工具”绘制的线条占用的资源要少。

5.2.3　优化文本

优化文本的具体操作如下。

① 限制字体和字体样式的数量。尽量不要使用太多不同的字体。使用的字体越多，影片文件就越大。

② 尽可能使用Flash内定的字体，减少字体导入。

③ 非特殊字体尽量不要将文本打散。文本打散后变为图形会使文件增大。

5.2.4　优化色彩

优化色彩的具体操作如下。

① 利用“属性”面板中“色彩效果”>“样式”下拉列表中的相应选项，为元件创建不同颜色和透明度的实例。如图5-32所示。

图5-32

② 尽可能少使用渐变色。使用渐变的影片文件比使用单色的影片文件要大。

5.3　实训项目三　测试影片

5.3.1　测试影片效果

在Flash中，可以在两种环境下测试影片，一种是影片编辑环境，另一种是影片测试环境。下面结合思念贺卡实例来分别介绍。

（1）在影片编辑环境中测试

① 执行“文件”>“打开”命令（或按住Ctrl+O快捷键），弹出“打开”对话框，选择“素材文件第5章/思念.fla”文件，将其打开。

② 将当前指针放置在任意位置，按键盘上的Enter键（或执行“控制”>“播放”命令），即可以在影片编辑环境中从当前位置向后预览影片。通常把这种测试叫播放影片，再次按Enter键即可停止播放。

③ 通过播放影片可以发现，这种方法只是对影片进行简单的测试，影片中的影片剪辑元件、按钮元件以及脚本语言等都不能得到测试，也不能正确显示影片文档大小。所以影片编辑环境不是用户的首选测试环境。

（2）在影片测试环境中测试

① 将当前指针放置在任意位置，按键盘上的Ctrl+Enter键（或执行“控制”>“测试影片”>“测试”命令），Flash将自动导出影片，然后将文件在新的测试窗口（Adobe Flash Player窗口）中打开。如图5-33所示。

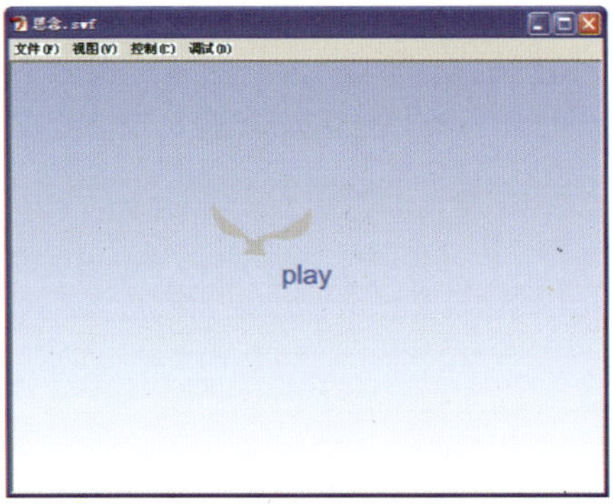

图5-33

② 通过测试可以发现，这种测试影片的方式，是从头开始测试动画的全部内容。影片中的影片剪辑元件、按钮元件以及脚本语言等也都能得到正常测试。这是我们经常使用的测试影片的方法。

③ 如果影片是分场景编辑的，要测试一个场景的内容，可以按键盘上的Ctrl+Alt+Enter键（或执行“控制”>“测试场景”命令），Flash将只导出当前影片的当前场景，然后将文件在新的测试窗口（Adobe Flash Player窗口）中打开。

执行“测试影片”和“测试场景”命令均会自动生成.swf文件，并将它自动置于当前影片所在的文件夹中。

5.3.2 测试影片网络播放效果

① 在影片测试环境下，执行“视图”>“带宽设置”命令（或按Ctrl+B快捷键），在测试窗口的上面将显示模拟带宽分布图。如图5-34所示。

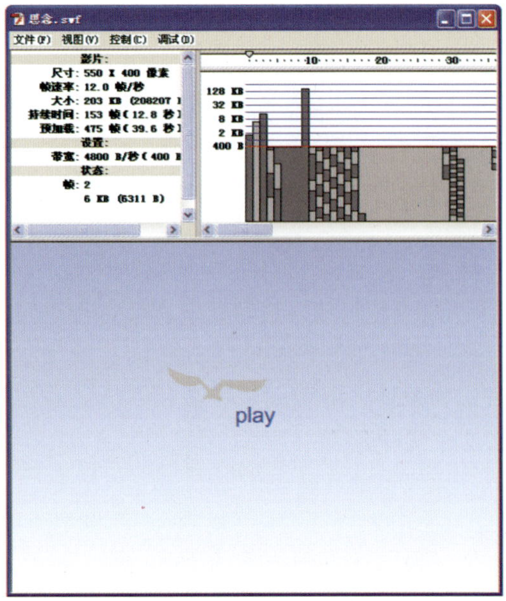

图5-34

在模拟带宽分布图中，包含了两部分内容。左侧区域显示了动画与带宽的相关信息；右侧区域则更直观地用图形的形式表示出文件带宽的详细信息。时间轴显示下载的情况，每个矩形代表相应帧中的信息量大小，并与信息量刻度横向一一对应。

模拟带宽分布图有两种显示方式，一种为帧数图表，另一种为数据流图表（此例为数据流图表显示）。可以在影片测试环境下的“视图”菜单中进行设置。

② 通过测试可以发现，右侧区域大多数帧在红线的下方，但也有少数几个帧超出了红线的范围。这条红线表示下载的极限，一旦数据超过红线，影片可能在此处出现停滞现象。如果有可能，尽量对其进行调整。

③ 用鼠标单击选中超出红线的帧，左侧区域即会显示相应帧的信息。如图5-35所示。

5.3.3 测试影片下载性能

由于网络速度不是固定的，不仅随着地域的差别而变化，而且各个时段情况也会不同，所以要考虑到影片在不同网速下的播放情况。

① 在影片测试环境下，选择“视图”>“下载设置”命令，可以在其中选择所要模拟的网

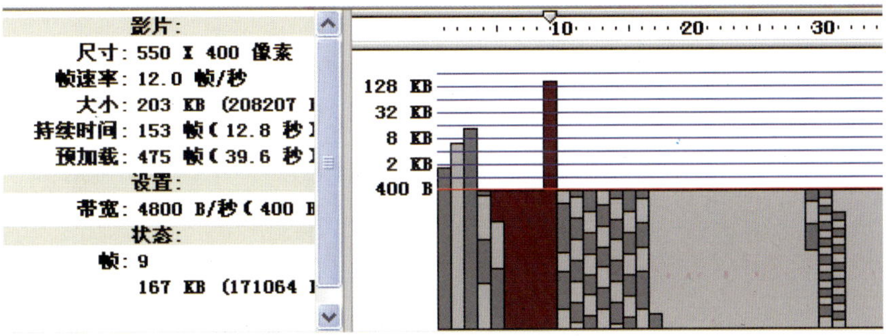

图5-35

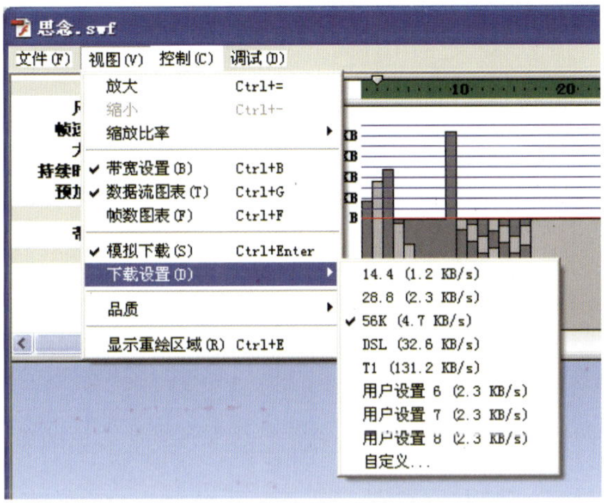

图5-36

络传输速率，默认为56K。如图5-36所示。

② 选择好网络传输速率后，选择“视图”>“模拟下载”命令（或按Ctrl+Enter快捷键）。此时Flash影片不再立即播放，而是在左侧区域显示影片完成下载的百分比及加载的帧数，在右侧区域则以绿色色条显示已下载的影片数量。当下载量达到100%（即已完全下载）时，影片开始播放。本例中设置了Loading动画，其显示的百分比与左侧区域显示的下载百分比是一致的。如图5-37所示。

5.4 实训项目四 导出文件

Flash可以将编辑好的动画文件导出成影片文件和图像文件。

5.4.1 导出影片文件

Flash可以将文件导出为AVI、SWF、MOV

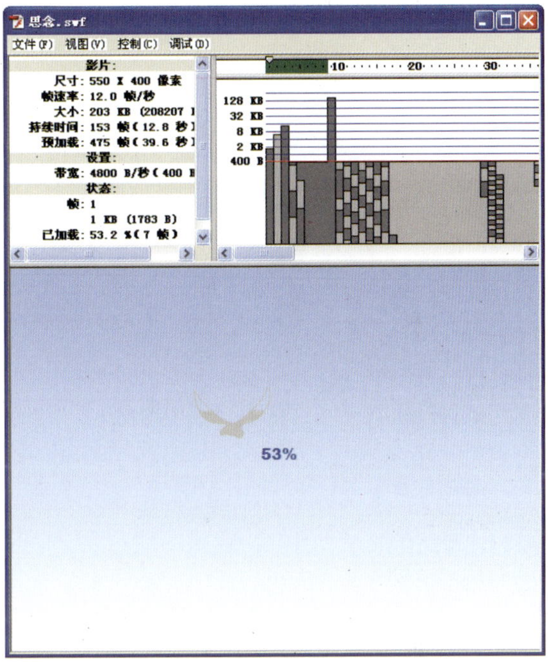

图5-37

等影片格式。

① 执行“文件”>“打开”命令（或按住Ctrl+O快捷键），打开“素材文件第5章/思念.fla”文件。

② 执行“文件”>“导出”>“导出影片”命令（或按住Ctrl+Alt+Shift+S快捷键），弹出“导出影片”对话框。在“保存在”下拉列表中选择合适的保存位置，在“保存类型”下拉列表中选择“Windows AVI（*.avi）”，在“文件名”后输入合适的保存文件名。设置完成后，单击“保存”按钮。如图5-38所示。

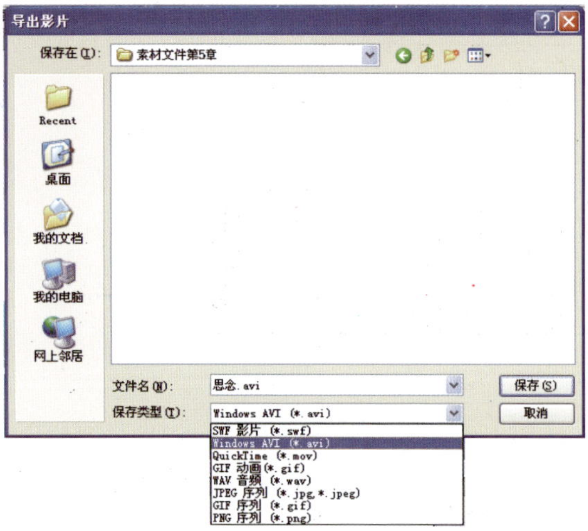

图5-38

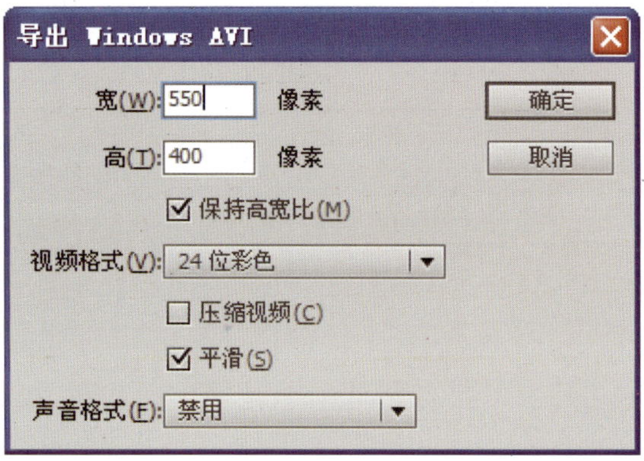

图5-39

③ 在弹出的“导出Windows AVI”对话框中，将“宽”设置为550像素，“高”设置为400像素，其他保持默认值，如图5-39所示。设置完成后，单击“确定”按钮。

④ 在相应的保存位置找到导出的影片文件，双击观看其播放效果。会发现影片中原有的影片剪辑元件、按钮元件以及脚本语言等都不能正常显示了。

5.4.2 导出图像文件

Flash可以将文件导出为JPG、BMP、PNG、GIF等图像格式。

① 打开“素材文件第5章/思念.fla”文件，将当前指针置于最后一帧（153帧）。

② 执行“文件”>“导出”>“导出图像”命令，弹出“导出图像”对话框。在“保存在”下拉列表中选择合适的保存位置，在“保存类型”下拉列表中选择“JPEG图像（*.jpg，*.jpeg）”，在“文件名”后输入合适的保存文件名，如图5-40所示。设置完成后，单击“保存”按钮。

图5-40

③ 在弹出的“导出JPEG”对话框中，将“宽”设置为550像素，“高”设置为400像素，“包含”设置为完整文档大小，其他保持默认值，如图5-41所示。设置完成后，单击“确定”按钮。

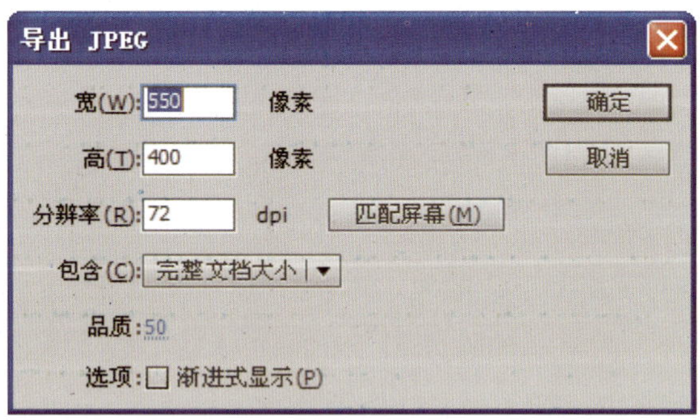

图5-41

④ 在相应的保存位置找到导出的图像文件，双击观看其效果。发现导出的图像文件不是动态的，而是所选帧的静态图像。如图5-42所示。

图5-42

5.5　实训项目五　发布影片

Flash影片可以发布成多种格式，下面介绍两种常用的发布格式。

5.5.1　发布为Flash动画

① 打开“素材文件第5章/思念.fla”文件，将当前指针置于任意位置。

② 执行“文件”>“发布设置”命令（或按住Ctrl+Shift+F12快捷键），弹出“发布设置”对话框，在“类型”中勾选“Flash(.swf)”。如图5-43所示。

●在发布之前一般要进行发布设置，定义发布格式及设置参数，以达到最佳效果。

●在“发布设置”对话框中，可以一次勾选多个类型（即设置多个发布格式）。每勾选一个类型，后面即会出现对应的选项卡。

③ 选择“Flash”选项卡，对相应的参数进行设置，勾选“防止导入”复选框，如图5-44所示。

选择“防止导入”复选框后，可防止导出的影片被导入Flash进行编辑；也可以设置密码，只有知道密码才可以导入影片进行编辑。

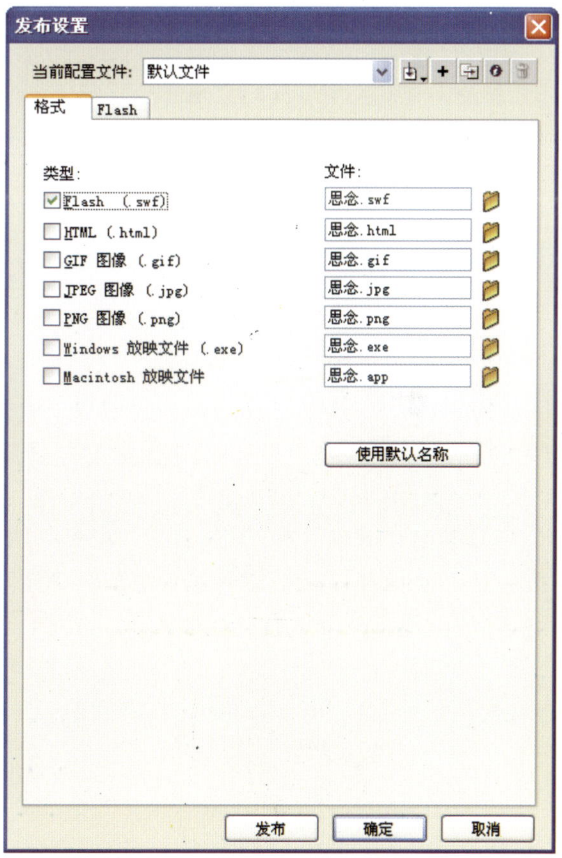

图5-43

④ 设置完成后，单击“确定”按钮，可以将所做的设置保留；单击“发布”按

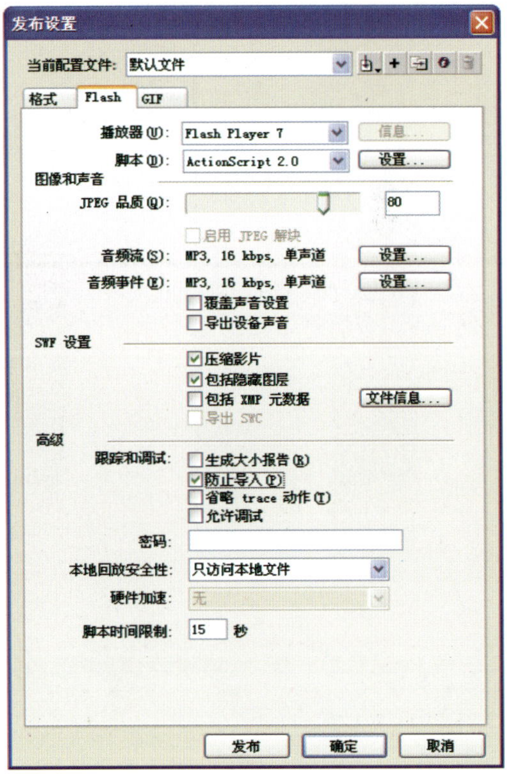

图5-44

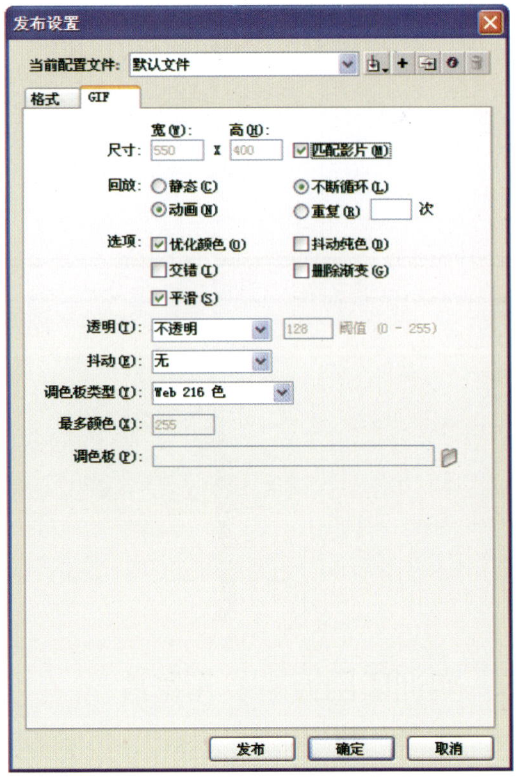

图5-45

钮，则可立即使用当前设置，将影片发布为.swf文件。所得文件将自动置于当前影片所在的文件夹中（.swf文件也可以通过测试影片得到）。

⑤ 在相应的保存位置找到发布的Flash动画文件，双击观看其效果。

5.5.2 发布为GIF动画

① 执行“文件”>“发布设置”命令（或按住Ctrl+Shift+F12快捷键），在“发布设置”对话框的“类型”中勾选“GIF图像（.gif）”。

② 选择“GIF”选项卡，对相应的参数进行设置，将“回放”设置为“动画”，否则为单帧GIF图像。如图5-45所示。

③ 设置完成后，单击“发布”按钮，则可立即使用当前设置将影片发布为.gif动画文件，所得文件将自动置于当前影片所在的文件夹中。

④ 在相应的保存位置找到发布的GIF动画文件，双击观看其效果。

a．选择“文件”>“发布预览”中的相应选项，可以直接将影片发布成相应格式的文件。默认为发布Flash文件（快捷键为F12）。

b．选择“文件”>“发布设置”（或按住Alt+Shift+F12快捷键），可以按“发布设置”设置的参数直接发布影片。

第6章 ActionScript的使用

在Flash CS3之前，Adobe Flash Player运行环境下的动作脚本是ActionScript2.0。ActionScript 2.0运行编译比较慢，主要用于计算量不大的项目，可以将代码写在帧上，或者影片剪辑和按钮上，代码的随意性比较大，查找和管理起来比较费劲。基于此，Flash CS3及以后的Adobe Flash Player版本中运行环境下的动作脚本升级到了ActionScript 3.0，ActionScript 3.0主要将代码写在帧上和外部的包中，与现在其他研发人员使用的C++、JAVA等语言比较接近，且运行编译的速度比较快，更利于开发人员的使用和管理。下面基于ActionScript 3.0来介绍Flash中ActionScript的使用。

6.1 实训项目一 产品推广交互动画制作

项目分析：

企业有新产品推出时，大多喜欢借助互联网进行推广，Flash软件可以为产品推广网站提供全方位的形象设计和交互视觉解决方案，通过交互动画使企业理念与产品服务得到有效传播。本实训项目为苹果IPAD2产品制作交互展示系统，在内容架构与动画表现上，采用多种技术与创新性的处理手法，使用户在轻松有趣的交互方式中更加有效地传达信息。

6.1.1 IPAD2产品推广交互动画制作

① 新建"ActionScript 3.0"文件，舞台尺寸为980像素×750像素，背景为白色，帧频率为25fps，如图6-1所示。

图6-1

② 在图层面板新建图层“开始”，新建“开始按钮”影片剪辑（或使用Ctrl+F8快捷键）。

③ 在“开始按钮”影片剪辑中用 （钢笔工具）绘制苹果标志，如图6-2所示，填充黑色，如图6-3所示。

图6-2

图6-3

④ 在“开始按钮”影片剪辑中新建“元件1”。

⑤ 在“元件1”影片剪辑中用“文本工具”绘制“start·”，如图6-4所示。

图6-4

⑥ 在第10帧、第20帧、第30帧、第40帧、第50帧、第60帧处分别按F6键插入关键帧，修改为“start··”、“start ···”、“start ····”、“start ·····”等。依次类推，完成一个进入的动画效果，如图6-5所示。

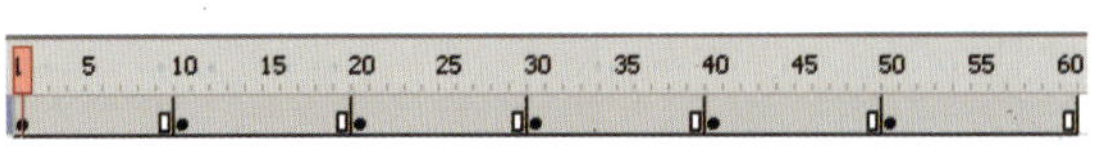

图6-5

⑦ 新建一层“as”层，在第1帧点击F9键调出动作面板，输入代码：

```
stop(); //停止

beginBtn.buttonMode=true; //开始进入模式

beginBtn.addEventListener(MouseEvent.CLICK,beginFunc);

function beginFunc(e:MouseEvent):void //鼠标点击进入
{
    this.gotoAndStop(2); //跳转并停止在第2帧
}
```

如图6-6所示。

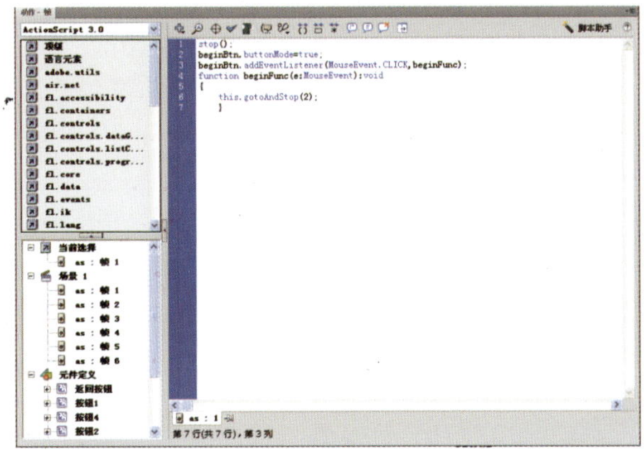

图6-6

⑧ 新建图层命名为“按钮”，在第2帧点击F6键插入关键帧。

⑨ 新建“按钮1”影片剪辑，双击进入影片剪辑状态，新建图层11，在第2帧按F6键插入关键帧，用“椭圆工具”绘制一个灰色的圆形。如图6-7所示。在“属性”面板中设置参数，如图6-8所示。

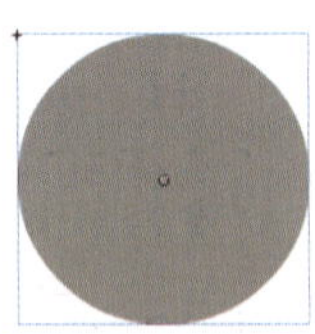

图6-7

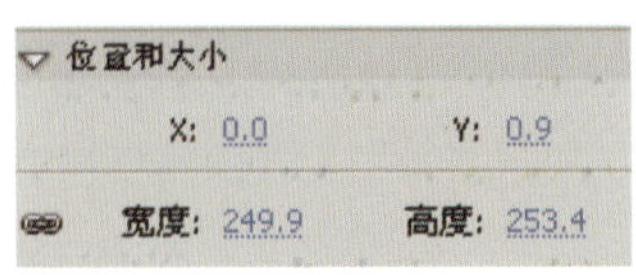

图6-8

⑩按F8键将该圆形转化为影片剪辑“圆运动”，在第10帧插入关键帧。向下移动圆形的

图6-9

位置，点击右键，创建形状补间，如图6-9所示。

⑪ 新建“图层2”，在第10帧按F9键，输入代码“stop();”，如图6-10所示。

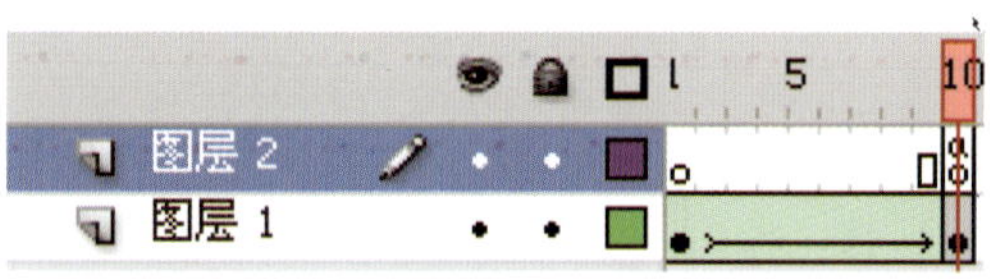

图6-10

⑫ 退出影片剪辑“圆运动”，回到“按钮1”影片剪辑，新建图层“layer1”和“图层10”，向“图层10”中拖入位图“1关于ipad2.jpg”，在图层“layer1”中将“图层11”刚绘制的矩形复制在第1帧。

⑬ 选择图层“layer1”，点击右键“遮罩层”，如图6-11所示。

⑭ 新建“文字层”，在第10帧点击F6键插入一个关键帧，输入文字，如图6-12所示。

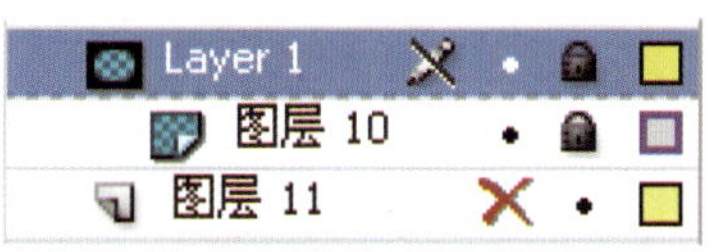

图6-11

图6-12

⑮ 新建一层，命名为“Action Layer”，在第10帧按F9键，输入代码“stop();”。

⑯ 退出“按钮1”影片剪辑，选择该影片

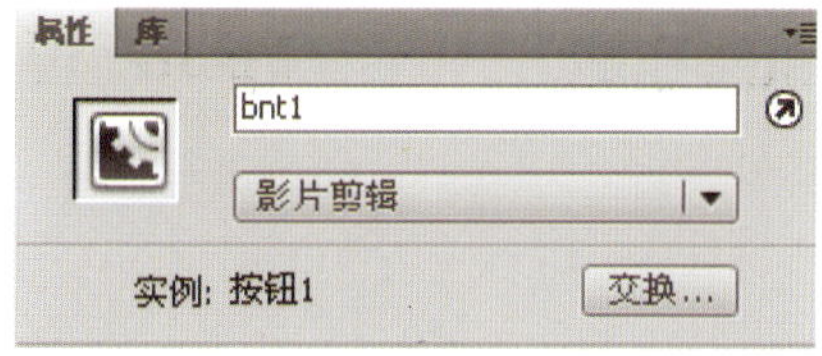

图6-13

剪辑，在属性栏中命名为“bnt1”（注意：命名一定要准确!），如图6-13所示。

⑰ 将“按钮1”复制三个，点击F8键分别将其命名为“按钮2”、“按钮3”、“按钮4”。

⑱ 分别选中“按钮2”、“按钮3”、“按钮4”影片剪辑，依次修改属性栏中的英文命名为“bnt2”、“bnt3”、“bnt4”，如图6-14所示。

图6-14

⑲ 双击进入“按钮2”影片剪辑，选择“图层10”。点击“属性”面板，选择交换按钮，选择“2ipad2功能.jpg”图片，如图6-15所示。

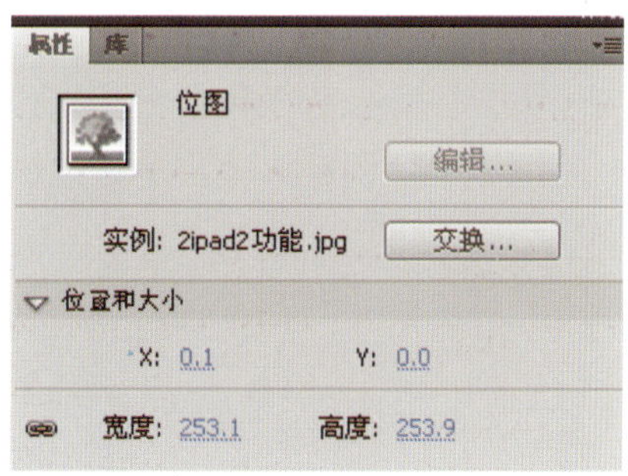

图6-15

⑳ 选择文字层，在第10帧输入文字，如图6-16所示。

㉑ 用同样的方法双击进入“按钮3”影片剪辑，选择“图层10”，点击“属性”面板，选择交换按钮，选择“3ipad2设计.jpg”图片。

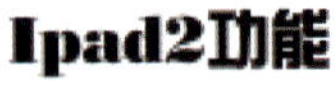

图6-16

图6-17

㉒ 选择文字层，在第10帧输入文字，如图6-17所示。

㉓ 双击进入“按钮4”影片剪辑，选择“图层10”，点击“属性”面板，选择交换按钮，选择“4pad2系统.jpg”图片。

㉔ 选择文字层，在第10帧输入文字，如图6-18所示。

㉕ 回到场景中，新建图层“文字”，在第2帧插入关键帧，新建“文字动画”影片剪辑（或按Ctrl+F8快捷键），在“文字动画”影片剪辑中，另外再新建“文字动画2”影片剪辑和“文字动画3”影片剪辑。

㉖ 进入“文字动画2”影片剪辑编辑中，用“文本工具”输入文字，如图6-19所示。按两次Ctrl+B键，将文字打散成图形。

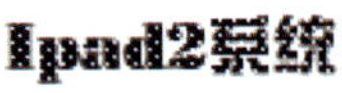

图6-18

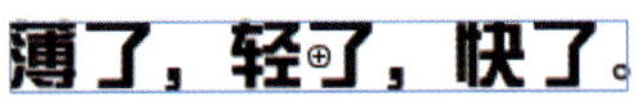

图6-19

㉗ 在第10帧、第20帧分别插入关键帧，在第10帧选择该影片剪辑元件，点开“属性”面板，在“色彩效果”的“样式”中选择Alpha，将数值改为0%，如图6-20所示。

图6-20

㉘ 第20帧Alpha数值为100%，按F9键，在“动作”面板中输入代码“stop();”在第30帧插入静态延帧，按F5键，如图6-21所示。

㉙ 用同样的方法，按F5键进入“文字动画3”影片剪辑编辑中，用“文本工具”输入文字，如图6-22所示。

图6-21

图6-22

㉚ 使用与第㉖到第㉘步相同的方法编辑“文字动画3”影片剪辑元件。

㉛ 将两个文字影片剪辑居中对齐，调整到合适的位置。

㉜ 回到场景，新建图层“返回”，新建影片剪辑“返回按钮”，双击进入编辑状态，再新建影片剪辑“返回影片”。

㉝ 在“返回影片”影片剪辑中，绘制一个打散的圆形，选择灰色。选中该圆形，按住Alt键，向下移动位置后填充白色，如图6-23所示。

图6-23

㉞ 用“文本工具”输入文字“Back”，如图6-24所示。

图6-24

㉟ 回到“返回按钮”影片剪辑编辑中，新建“图层2”，将“返回影片”元件拖入第1帧中，在第2帧插入关键帧，在第10帧插入关键帧，将该元件向下移动一定的位置，在第2帧和第10帧之间点击鼠标右键，选择“创建传统补间”。如图6-25所示。

图6-25

㊱ 新建“图层3”，在第1帧按F9键，输入代码“stop();”，在第2帧插入空白关键帧，在第10帧插入空白关键帧，再按F9键，添加代码“stop();”，如图6-26所示。

㊲ 回到场景，新建图层“影片1”，在第3帧插入关键帧，选择“文本工具”输入文字，如图6-27所示。

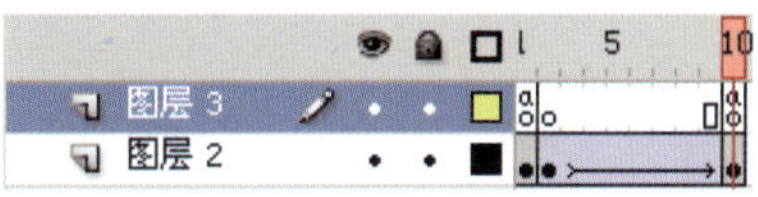

图6-26

图6-27

㊳ 在第3帧新建“介绍页面”影片剪辑，双击进入编辑状态，用标准“矩形工具”绘制一个圆角矩形，填充深灰色，其值为R=127、G=123、B=112。绘制8个矩形，调出“对齐”面板，选择左对齐。如图6-28所示。

图6-28

㊴ 导入三张图片，输入文字，如图6-29所示。

图6-29

Ipad2功能

图6-30

㊵ 回到场景中，新建图层“影片2”，在第4帧插入关键帧，选择“文本工具”输入文字，如图6-30所示。

㊶ 新建“功能页面”影片剪辑，将绘制好的系列矩形移动到该影片剪辑中，输入文字后，导入图片，绘制两个白色边框的矩形，进行对齐，最终效果如图6-31所示。

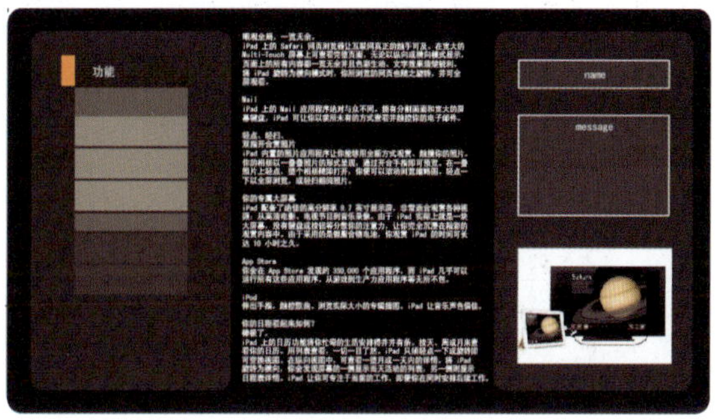

图6-31

㊷ 回到场景中，新建图层“影片3”，在第5帧插入关键帧，选择“文本工具”输入文字，如图6-32所示。

Ipad2设计

图6-32

㊸ 新建“设计页面”影片剪辑，步骤同㊶步，效果如图6-33所示。

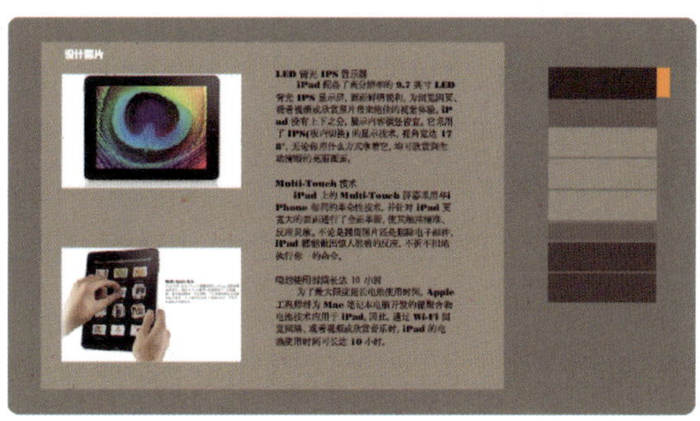

图6-33

㊹ 回到场景中，新建图层“影片4”，在第6帧插入关键帧，选择“文本工具”输入文字，如图6-34所示。

图6-34

㊺ 新建“系统页面”影片剪辑，步骤同㊶步，效果如图6-35所示。

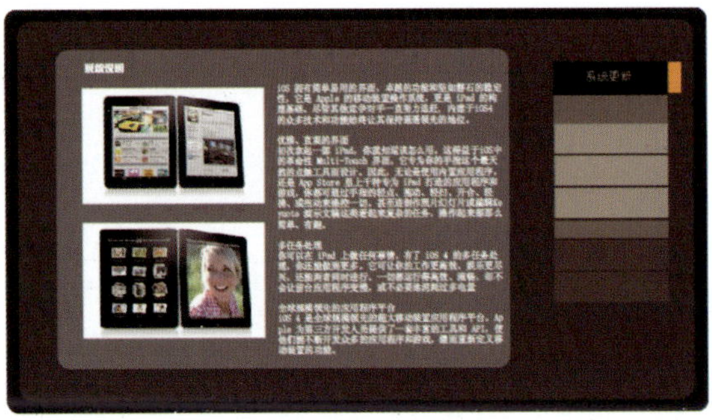

图6-35

㊻ 回到场景中，新建“music”图层，在第1帧、第2帧插入空白关键帧，第6帧插入帧，将“new.soul.mp3”导入到“库”中，将“库”中的声音拖入场景中，修改“属性”栏中“同步”为“开始”、“循环”，如图6-36所示。在时间轴上的效果如图6-37所示。

图6-36

图6-37

㊼ 回到“as”层，在第2帧、第4帧、第5帧、第6帧分别点击F7键插入帧将时间延迟。

㊽ 在第2帧按F9键，输入代码：

```
stop(); //停止
var mc:MovieClip=new MovieClip(); //影片剪辑

bnt1.buttonMode=true; //设置元件为按钮
bnt1.mouseChildren=false; //设置元件的子项是否支持鼠标，true支持，false不支持
bnt1.addEventListener(MouseEvent.CLICK,clickFunc1); //添加鼠标单击事件函数
bnt1.addEventListener(MouseEvent.MOUSE_OUT,outFunc); //添加鼠标移出事件函数
bnt1.addEventListener(MouseEvent.MOUSE_MOVE,moveFunc); //添加鼠标移动事件函数

bnt2.buttonMode=true;
bnt2.mouseChildren=false;
bnt2.addEventListener(MouseEvent.CLICK,clickFunc2);
bnt2.addEventListener(MouseEvent.MOUSE_OUT,outFunc);
bnt2.addEventListener(MouseEvent.MOUSE_MOVE,moveFunc);

bnt3.buttonMode=true;
bnt3.mouseChildren=false;
bnt3.addEventListener(MouseEvent.CLICK,clickFunc3);
bnt3.addEventListener(MouseEvent.MOUSE_OUT,outFunc);
bnt3.addEventListener(MouseEvent.MOUSE_MOVE,moveFunc);

bnt4.buttonMode=true;
```

```
bnt4.mouseChildren=false;
bnt4.addEventListener(MouseEvent.CLICK,clickFunc4);
bnt4.addEventListener(MouseEvent.MOUSE_OUT,outFunc);
bnt4.addEventListener(MouseEvent.MOUSE_MOVE,moveFunc);

function moveFunc(e:MouseEvent):void {//函数返回类型
    mc=e.target as MovieClip; //转换鼠标事件的对象为 mc
    mc.gotoAndPlay(2); //从第2帧开始播放
}
function outFunc(e:MouseEvent):void {
    mc=e.target as MovieClip;
    mc.gotoAndStop(1);
}
function clickFunc1(e:MouseEvent):void {
    this.gotoAndStop(3);
}
function clickFunc2(e:MouseEvent):void {
    this.gotoAndStop(4);
}
function clickFunc3(e:MouseEvent):void {
    this.gotoAndStop(5);
}
function clickFunc4(e:MouseEvent):void {
    this.gotoAndStop(6);
}
function clickFuncB(e:MouseEvent):void {
    this.gotoAndStop(2);
}
```

㊾ 在第3帧按F9键，输入代码：

```
backBtn.buttonMode=true; //设置元件为按钮
backBtn.mouseChildren=false; // 设置元件的子项是否支持鼠标，true支持，false不支持
backBtn.addEventListener(MouseEvent.CLICK,clickFuncB);//添加鼠标单击事件函数
backBtn.addEventListener(MouseEvent.MOUSE_OUT,outFunc);//添加鼠标移出事件函数
backBtn.addEventListener(MouseEvent.MOUSE_MOVE,moveFunc);//添加鼠标移动函数
```

㊿ 在第4帧按F9键，输入代码：

```
backBtn.buttonMode=true;
backBtn.mouseChildren=false;
backBtn.addEventListener(MouseEvent.CLICK,clickFuncB);
backBtn.addEventListener(MouseEvent.MOUSE_OUT,outFunc);
backBtn.addEventListener(MouseEvent.MOUSE_MOVE,moveFunc);
```

51 在第5帧按F9键，输入代码：

```
backBtn.buttonMode=true;
backBtn.mouseChildren=false;
backBtn.addEventListener(MouseEvent.CLICK,clickFuncB);
backBtn.addEventListener(MouseEvent.MOUSE_OUT,outFunc);
backBtn.addEventListener(MouseEvent.MOUSE_MOVE,moveFunc);
```

52 在第6帧按F9键，输入代码：

```
backBtn.buttonMode=true;
backBtn.mouseChildren=false;
backBtn.addEventListener(MouseEvent.CLICK,clickFuncB);
backBtn.addEventListener(MouseEvent.MOUSE_OUT,outFunc);
backBtn.addEventListener(MouseEvent.MOUSE_MOVE,moveFunc);
```

53 预览最后效果，如图6-38所示。

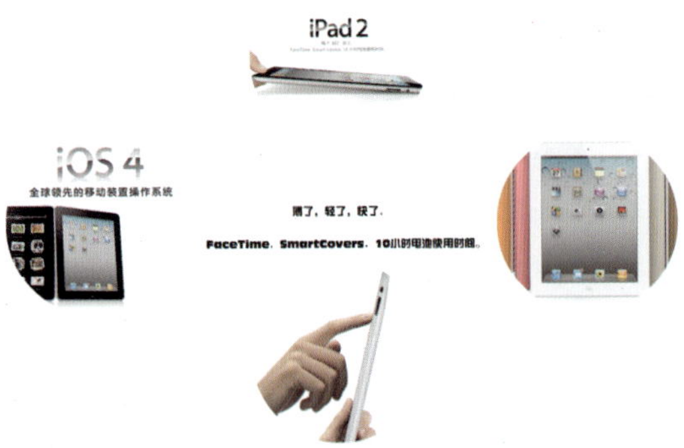

图6-38

6.1.2 交互动画项目知识点

ActionScript® 脚本撰写语言允许用户向应用程序添加复杂的交互性、播放控制和数据显示。可以使用"动作"面板、"脚本"窗口或外部编辑器，也就是我们平时所说的外部库或者在创作环境内添加 ActionScript。

在Flash CS5中可以通过以下两种方式添加ActionScript脚本语言。

执行"窗口"＞"动作"命令，调出"动作"面板。

"动作"面板由三个窗格构成：动作工具箱（左上，按类别对 ActionScript 元素进行分组）、"脚本"导航器（左下，可以快速地在 Flash 文档的脚本间导航）和"脚本"窗口（右边，可以在其中键入ActionScript代码）。"脚本"窗口上有一组工具栏，这些工具有助于简化在 ActionScript 中进行的编码工作。每个工具的作用如下所述。

①（将新项目添加到脚本中）：这些元素也显示在"动作"工具箱中。选择要添加到脚本中的项目。

②（查找）：查找并替换脚本中的文本。

③（插入目标路径）：（仅限动作面板）为脚本中的某个动作设置绝对或相对目标路径。

④（语法检查）：检查当前脚本中的语法错误，并将语法错误列在输出面板中。

⑤（自动套用格式）：设置脚本的格式以实现正确的编码语法和更好的可读性。在"首选参数"对话框中设置自动套用格式首选参数，从"编辑"菜单或"动作面板"菜单可访问此对话框。

⑥（显示代码提示）：如果已经关闭了自动代码提示，可使用"显示代码提示"来显示正在处理的代码行的代码提示。

⑦（调试选项）：（仅限动作面板）设置和删除断点，以便在调试时可以逐行执行脚本的每一行。只能对ActionScript文件使用调试选项，而不能对ActionScript Communication 或Flash JavaScript文件使用该选项。

⑧（折叠成对大括号）：对出现在当前包含插入点的成对大括号或小括号间的代码进行折叠。

⑨（折叠所选）：折叠当前所选的代码块。

⑩（展开全部）：展开当前脚本中所有折叠的代码。

⑪（应用块注释）：将注释标记添加到所选代码块的开头和结尾。

⑫（应用行注释）：在插入点或所选多行代码中每一行的开头添加单行注释标记。

⑬（删除注释）：从当前行或当前选择内容的所有行中删除注释标记。

⑭（显示/隐藏工具箱）：显示或隐藏"动作"工具箱。

⑮ 代码片段（代码片段）："代码片段"面板旨在使非编程人员能快速轻松地开始使用简单的ActionScript 3.0，点击之后自动创建相应的ActionScript代码。

⑯（脚本助手）：（仅限动作面板）在"脚本助手"模式中，将显示一个用户界面，用于输入创建脚本所需的元素。

⑰（帮助）：显示"脚本"窗格中所选ActionScript元素的参考信息。例如，如果单击import 语句，再单击"帮助"，"帮助"面板中将显示 import 的参考信息。

⑱ （面板菜单）：（仅限动作面板）包含适用于“动作”面板的命令和首选参数。例如，可以设置行号和自动换行，访问ActionScript首选参数以及导入或导出脚本。

6.1.3 交互动画项目进阶练习：为某一款汽车制作交互演示系统

要求：

① 产品为某一个具体的品牌车型的某一款具体的车（“素材文件第6章”提供了奥迪A6车的图片和标志）。

② 添加按钮分别控制几个车图片的调用，画面中应出现汽车的标志。

③ 交互动画制作流畅，每个按钮点击后出现的动画形式要新颖别致，且不能雷同。

④ 整体界面视觉设计要稳妥大气，色调要和汽车色彩搭配起来，协调统一，版面风格活泼又不失严谨。

⑤ 交互动画界面大小不限，按钮要添加声音，对整体文件添加一个背景音乐，并添加停止所有声音的按钮。

6.2 实训项目二 人物走动影片控制

项目分析：

在Flash文档中，拖放到舞台中的影片剪辑被称为实例，可以通过在“属性”面板的“实例名称”框中输入相应的名称（建议最好为英文名称，便于代码的识别和管理）给实例添加名称，这样就可以通过在“动作”面板中写入ActionScript语言对该影片实例进行操作控制了。

本实训项目通过控制一个行走的人的实例，具体讲述ActionScript控制影片播放的方法。

6.2.1 人物走动影片控制项目制作

① 新建文件，设置帧频率为12fps，大小为1000像素×500像素，舞台的背景颜色为黑色，如图6-39所示。

图6-39

② 开始绘制人物。新建影片剪辑元件，命名为“头部”，用“椭圆工具”绘制一个43像素×43像素的圆形。如图6-40所示.

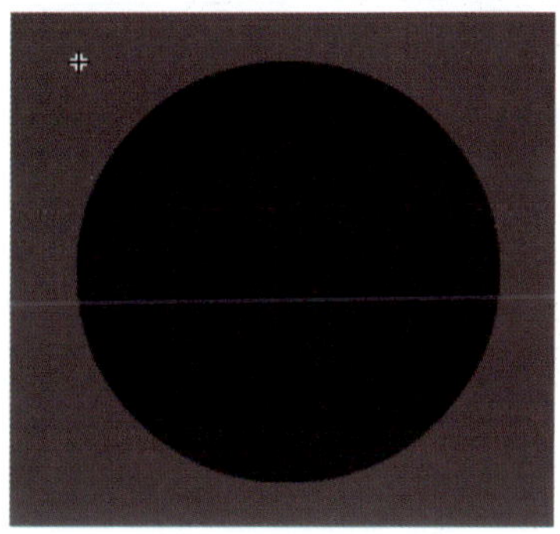

图6-40

③ 新建影片剪辑元件，命名为“胸部”。选择“基本矩形”工具，打开“属性”面板设置填充为黑色，笔触为0.1。圆角矩形的参数为5，如图6-41所示，绘制完之后的矩形如图6-42所示。

④ 用同样的方法新建影片剪辑元件，命名为“大臂”。选择“基本矩形”工具，打开“属性”面板设置填充为黑色，笔触为0.1，圆角矩形的参数为5，效果同第③步。

⑤ 新建影片剪辑元件，命名为“小臂”。用“钢笔工具”绘制图形。效果如图6-43所示。

⑥ 新建影片剪辑元件，命名为“腰部”，

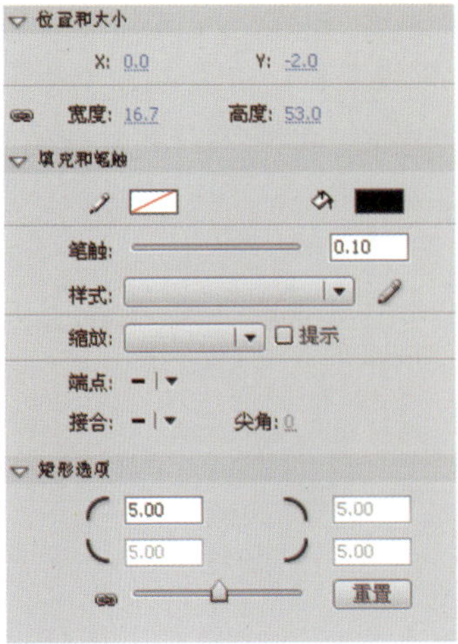

图6-41

图6-42

图6-43

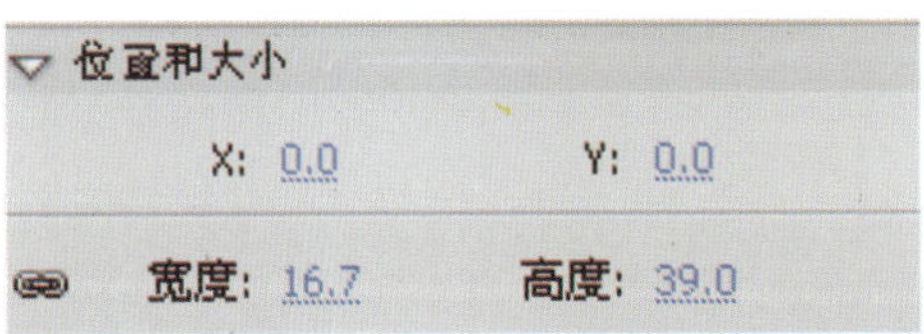

图6-44

参数和步骤③的数值一样，高度设置为39，如图6-44所示，效果如图6-45所示。

图6-45

⑦ 新建影片剪辑元件，命名为“小腿1”，参数和步骤③的数值一样，高度设置为63，如图6-46所示。

⑧ 新建影片剪辑元件，命名为“小腿2”，参数和步骤③的数值一样，高度设置为58，如图6-47所示。

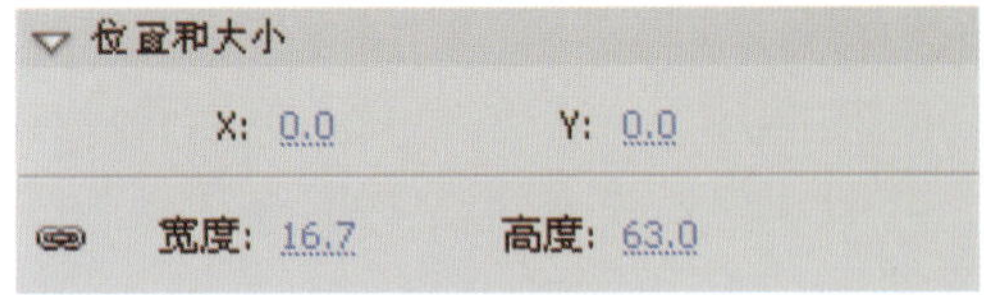

图6-46

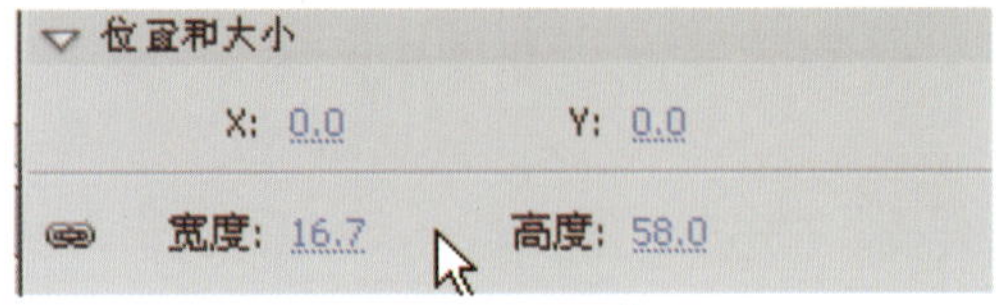

图6-47

⑨ 新建影片剪辑元件，命名为“手”，用“钢笔工具”绘制，填充为黑色。效果如图6-48所示。

图6-48

⑩ 新建影片剪辑元件，命名为“动画”，打开图层面板，点击（新建图层），新建15个层，分别命名为“头部”、“右侧大臂”、“右侧小臂”、“右手”、“胸部”、“腰部”、“右侧大腿”、“右侧小腿”、“右脚”、“左侧大臂”、“左侧小臂”、“左手”、“左侧大腿”、“左侧小腿”、“左脚”。效果如图6-49所示。

图6-49

⑪ 点击头部图层上的（显示图标），其他图层点击✕图标关闭。将“头部”影片剪辑

元件拖入到第一个关键帧中，从第1帧到第15帧依次按住F6键，插入关键帧，将“头部”十五个动作调整为从下往上再往下的过程效果，如图6-50所示。

图6–50

⑫ 点击“右侧大臂”图层上的（显示图标），其他图层点击图标关闭。将“右侧大臂”影片剪辑元件拖入到第一个关键帧中，从第1帧到第15帧依次按住F6键，插入关键帧，将“右侧大臂”十五个动作调整为前后摆动的过程效果，如图6-51所示。

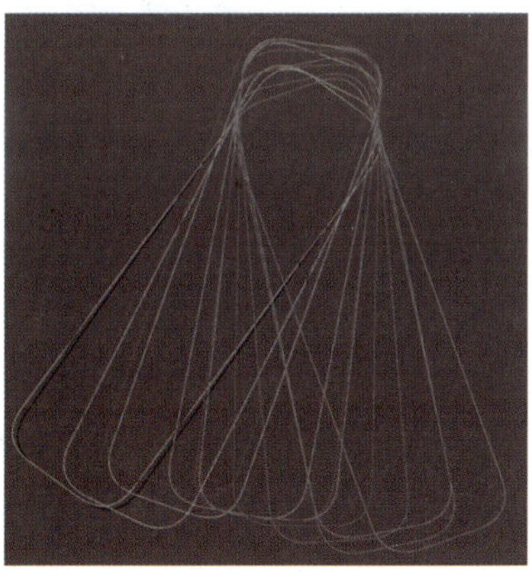

图6–51

⑬ 点击“右侧小臂”图层上的（显示图标），其他图层点击图标关闭。将“右侧小臂”影片剪辑元件拖入到第一个关键帧中，从第1帧到第15帧依次按住F6键，插入关键帧，将“右侧小臂”十五个动作调整为前后摆动的过程效果，如图6-52所示。

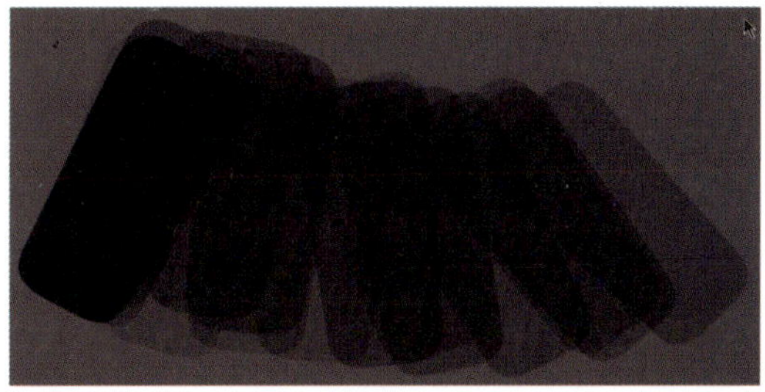

图6–52

⑭ 点击“右手”图层上的（显示图标），其他图层点击图标关闭。将“右手”影片剪辑元件拖入到第一个关键帧中，从第1帧到第15帧依次按住F6键，插入关键帧，将“右手”十五个动作调整为前后摆动的过程效果，如图6-53所示。

图6–53

⑮ 点击“胸部”图层上的（显示图标），其他图层点击图标关闭。将“胸部”影片剪辑元件拖入到第一个关键帧中，从第1帧到第15帧依次按住F6键，插入关键帧，将“胸部”十五个动作调整为上下摆动的过程效果，如图6-54所示。

图6–54

图6–55

⑯ 点击“腰部”图层上的👁（显示图标），其他图层点击✕图标关闭。将“腰部”影片剪辑元件拖入到第一个关键帧中，从第1帧到第15帧依次按住F6键，插入关键帧，将“腰部”十五个动作调整为上下摆动的过程效果，如图6-55所示。

⑰ 点击“右侧大腿”图层上的👁（显示图标），其他图层点击✕图标关闭。将“右侧大腿”影片剪辑元件拖入到第一个关键帧中，从第1帧到第15帧依次按住F6键，插入关键帧，将“右侧大腿”十五个动作调整为前后动作摆动的过程效果，如图6-56所示。

图6-56

⑱ 点击“右侧小腿”图层上的👁（显示图标），其他图层点击✕图标关闭。将“右侧小腿”影片剪辑元件拖入到第一个关键帧中，从第1帧到第15帧依次按住F6键，插入关键帧，将“右侧小腿”十五个动作调整为前后动作摆动的过程效果，如图6-57所示。

图6-57

⑲ 点击“右脚”图层上的👁（显示图标），其他图层点击✕图标关闭。将“右脚”影片剪辑元件拖入到第一个关键帧中，从第1帧到第15帧依次按住F6键，插入关键帧，将“右脚”十五个动作调整为前后动作摆动的过程效果，如图6-58所示。

图6-58

⑳ 点击“右侧大臂”图层上的👁（显示图标），其他图层点击✕图标关闭。将“右侧大臂”影片剪辑元件拖入到第一个关键帧中，从第1帧到第15帧依次按住F6键，插入关键帧，将“右侧大臂”十五个动作调整为前后动作摆动的过程效果，如图6-59所示。

图6-59

㉑ 点击“右侧小臂”图层上的👁（显示图标），其他图层点击✕图标关闭。将“右侧小臂”影片剪辑元件拖入到第一个关键帧中，从第1帧到第15帧依次按住F6键，插入关键帧，将“右侧小臂”十五个动作调整为前后动作摆动的过程效果，如图6-60所示。

㉒ 点击“左手”图层上的👁（显示图

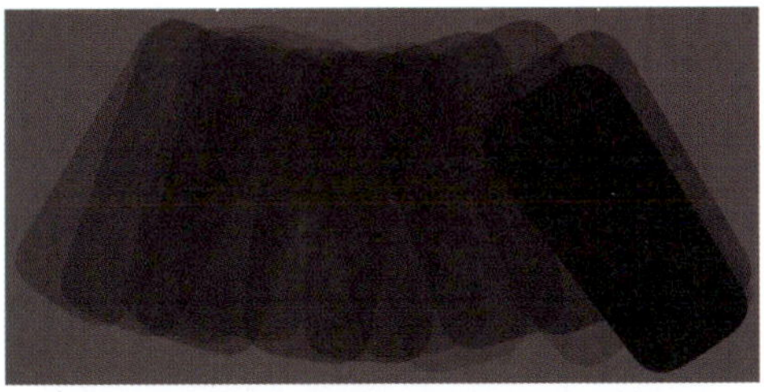

图6-60

图6-61

标），其他图层点击图标关闭。将“左手”影片剪辑元件拖入到第一个关键帧中，从第1帧到第15帧依次按住F6键，插入关键帧，将“左手”十五个动作调整为前后摆动的过程效果，如图6-61所示。

㉓ 点击“右侧大腿”图层上的（显示图标），其他图层点击图标关闭。将“右侧大腿”影片剪辑元件拖入到第一个关键帧中，从第1帧到第15帧依次按住F6键，插入关键帧，将“右侧大腿”十五个动作调整为前后动作摆动的过程效果，如图6-62所示。

图6-62

㉔ 点击“右侧小腿”图层上的（显示图标），其他图层点击图标关闭。将“右侧小腿”影片剪辑元件拖入到第一个关键帧中，

图6-63

从第1帧到第15帧依次按住F6键，插入关键帧，将“右侧小腿”十五个动作调整为前后动作摆动的过程效果，如图6-63所示。

㉕ 点击“左脚”图层上的（显示图标），其他图层点击图标关闭。将“左脚”影片剪辑元件拖入到第一个关键帧中，从第1帧到第15帧依次按住F6键，插入关键帧，将“左脚”十五个动作调整为前后动作摆动的过程效果，如图6-64所示。

图6-64

㉖ 最后人物造型动画如图6-65所示，最后效果如图6-66所示。

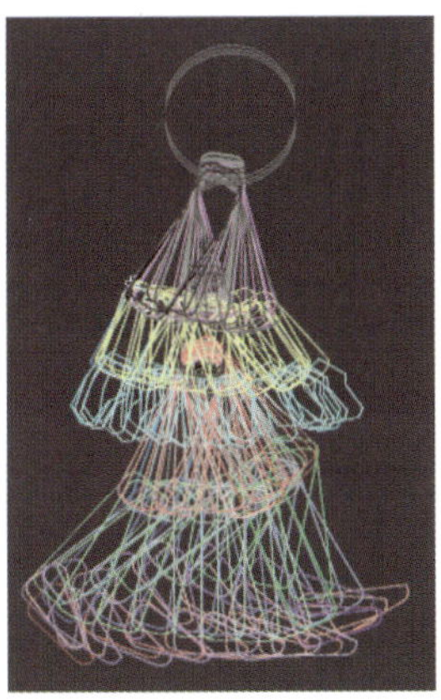

图6-65

图6-66

㉗ 新建影片剪辑元件“人物行走”，打开“图层”面板，点击（新建图层），新建两个层：图层1和图层2。

㉘ 将“动画”影片剪辑元件拖入图层1的场景中，将该元件命名为“pe_Tread”（一定要用英文输入法），如图6-67所示。选中该元件，调出“属性”面板，在“色彩效果”样式列表中选择“色调”，色调为100%，红、绿、蓝数值都为255，如图6-68所示。

图6-67

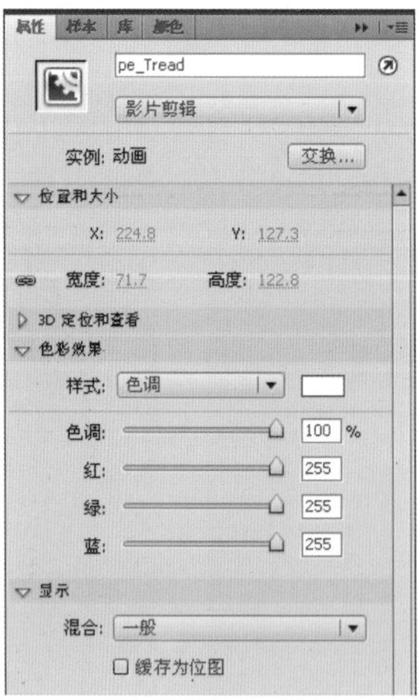

图6-68

㉙ 将“动画”影片剪辑元件拖入图层1的场景中，将该元件命名为“pe_Shadow”（一定要用英文输入法）。调出“属性”面板，在“色彩效果”>“样式”列表中选择“色调”，色调为100%，红、绿、蓝数值为51，如图6-69所示。选中该元件，用（任意变形工具），出现如图6-70所示的前后箭头的图标，将元件向前倾斜，如图6-71所示。

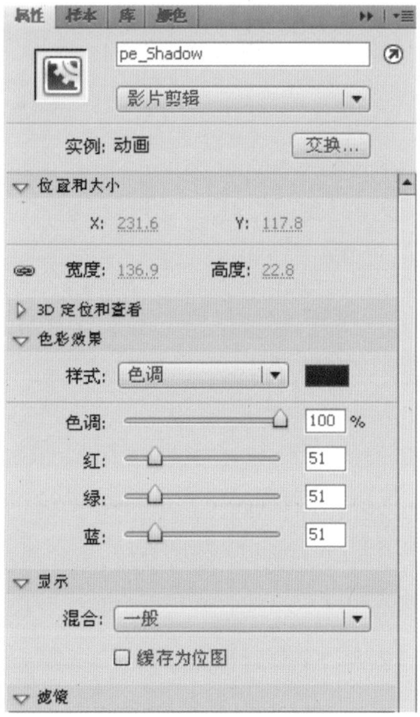

图6-69

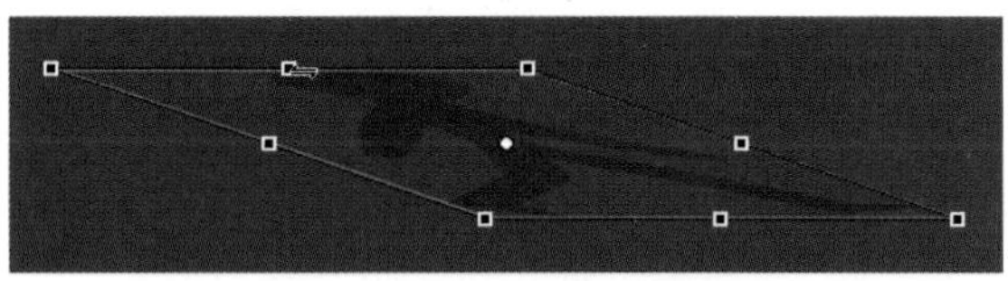

图6-70

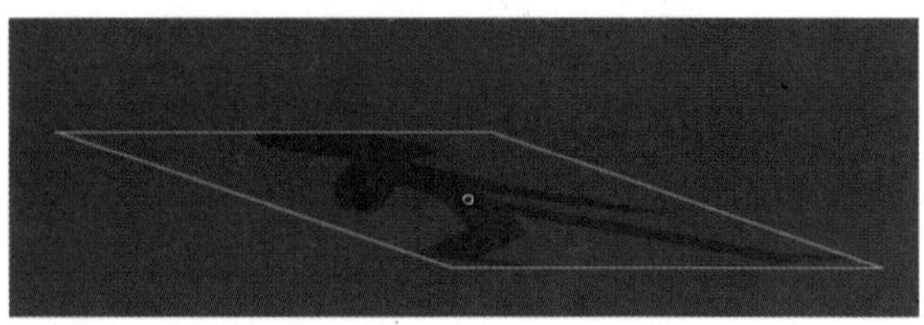

图6-71

㉚ 最后该影片剪辑效果如图6-72所示。

㉛ 新建“播放”按钮元件，新建“图层1”和“图层2”。

图6-72

a．在“图层2”的弹起帧绘制三角形，颜色填充为#999999，效果如图6-73所示。

b．在指针划过帧插入关键帧，将颜色改变成#333333，效果如图6-74所示。

c．在按下帧插入关键帧，与指针划过帧一致，效果同图6-75。

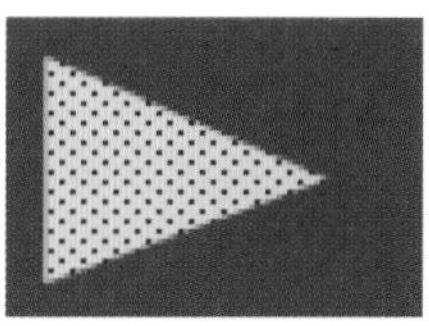

图6-73

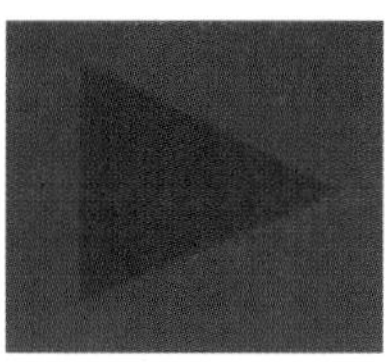

图6-74

㉜ 在“图层1”的弹起帧绘制一个图形，填充颜色为#3F4040，如图6-75所示。在指针划过帧插入关键帧，将颜色改为#999999，如图6-76所示。在按下帧插入关键帧，将颜色改为#000000。如图6-77所示。

图6-75

图6-76

图6-77

㉝ 复制“播放”按钮元件，改名为“Stop”按钮元件，修改“图层2”的内容。

a．在“图层2”的弹起帧绘制正方形，颜色填充为#999999，效果如图6-78所示。

图6-78

图6-79

b．在指针划过帧插入关键帧，将颜色改为#333333，效果如图6-79所示。

c．在按下帧插入关键帧，与指针划过帧一致，效果同图6-79。

㉞ 复制“播放”按钮元件，改名为“Pause”，修改“图层2”的内容。

a．在“图层2”的弹起帧绘制两个矩形，颜色填充为#999999，效果如图6-80所示。

图6-80

图6-81

b. 在指针划过帧插入关键帧，将颜色改为#333333，效果如图6-81所示。

c. 在按下帧插入关键帧，与指针划过帧一致，效果同图6-81。

㉟ 回到场景中，新建图层，并将其改名为“人物行走层”、“舞台层”、“按钮层”、“动作脚本层”。

㊱ 打开“人物行走层”，将“人物行走”影片剪辑元件拖入到该层第1帧的舞台左边的位置，如图6-82所示。并将“人物行走”影片剪辑元件添加实例名称为“pe_Animation”。注意：实例名称要使用英文输入法命名，这一点非常重要。

图6-82

㊲ 在第70帧插入关键帧，将“人物行走”影片剪辑移动到右边位置，如图6-83所示。

㊳ 选中舞台层，执行“文件>”“导入”>“导入到库”命令，将“KZYP.png”文

图6-83

件导入到“库”中，然后将“库”中的透明“KZYP.png”拖到该层的第一帧，调整该图片的位置，将属性栏中X轴和Y轴的数值都设为0。最后效果如图6-84所示。

图6-84

㊴ 在第70帧插入关键帧，延续该动作。

㊵ 选中“按钮层”，将三个按钮元件“播放”、“Stop”、“Pause”拖入到该层的第1帧舞台中间的位置，如图6-85所示。

图6-85

a. 将“播放”按钮元件命名为“bt_Play”，（要用英文输入法命名，这一点非常重要，大小写必须相同），在“属性”面板实例名称中设置“bt_Play”，实例的行为显示为“按钮”，如图

图6-86

6-86所示。用同样的方法操作其他两个按钮。

b. 将“Pause”按钮元件命名为“bt_Pause”，在“属性”面板实例名称里面设置“bt_ Pause”。

c. 将“Stop”按钮元件命名为“bt_Stop”，在“属性”面板实例名称里面设置“bt_Stop”。

㊶ 在第70帧插入帧，延续该动作。

㊷ 选中“动作脚本”层，在第1帧插入空白关键帧，打开“动作”面板（按F9键），在“脚本”面板中输入如下ActionScript代码：

```
//通过单击bt_Pause按钮触发moviePause函数
bt_Pause.addEventListener(MouseEvent.CLICK, moviePause);
//定义moviePause函数
function moviePause(event:MouseEvent):void {
    stop();//停止
    this.pe_Animation.pe_Tread.stop();
    this.pe_Animation.pe_Shadow.stop();
}

bt_Play.addEventListener(MouseEvent.CLICK, moviePlay);
function moviePlay(event:MouseEvent):void
{
    play();//播放
    this.pe_Animation.pe_Tread.play();
    this.pe_Animation.pe_Shadow.play();
}

bt_Stop.addEventListener(MouseEvent.CLICK, movieStop);
function movieStop(event:MouseEvent):void
{
    gotoAndStop(1);//跳转并停止在第1帧上
    this.pe_Animation.pe_Tread.gotoAndStop(1);
    this.pe_Animation.pe_Shadow.gotoAndStop(1);
}
```

㊸ 打开“动作”面板，效果如图6-87所示。

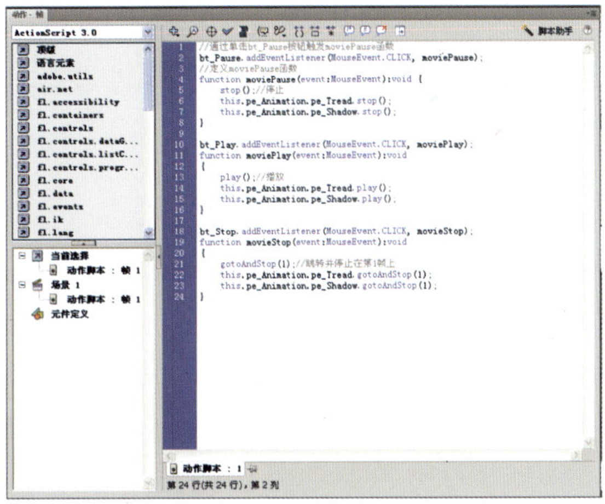

图6-87

㊹ 测试影片，即通过三个按钮来分别控制影片剪辑的播放，如图6-88所示。

图6-88

6.2.2 人物走动影片控制项目知识点

（1）影片剪辑的属性

要控制影片剪辑，首先要了解影片剪辑有哪些，该怎样控制。首先，新建一个影片剪辑，命名为“mc”，它的属性如下：

① currentFrame:int

[read-only]指定播放头在 MovieClip 实例的时间轴中所处的帧编号。

② alpha:Number

指示指定对象的 Alpha 透明度值。

③ blendMode:String

BlendMode 类中的一个值，用于指定要使用的混合模式。

④ buttonMode:Boolean

指定该 sprite 的按钮模式。属于 Sprite 类。

⑤ cacheAsBitmap:Boolean

如果设置为 true，则 Flash Player 将缓存显示对象的内部位图表示形式。

⑥ constructor:Object

对类对象或给定对象实例的构造函数的引用。

⑦ contextMenu:ContextMenu

指定与此对象相关联的上下文菜单。

⑧ currentLabel:String

[read-only]指定 MovieClip 实例的时间轴中播放头所在的当前标签。

⑨ currentLabels:Array

[read-only]返回由当前场景的 FrameLabel 对象组成的数组。

⑩ currentScene:Scene

[read-only]指定在 MovieClip 实例的时间轴中播放头所在的当前场景。

⑪ doubleClickEnabled:Boolean

指定此对象是否接收 doubleClick 事件。属于 InteractiveObject 类。

⑫ dropTarget:DisplayObject

[read-only]指定拖动 sprite 时经过的显示对象，或放置 sprite 时的显示对象。 属于 Sprite 类。

⑬ enabled:Boolean

一个布尔值，指示影片剪辑是否处于活动状态。 属于 MovieClip 类。

⑭ filters:Array

包含当前与显示对象关联的所有滤镜对象的索引数组。 属于 DisplayObject 类。

⑮ focusRect:Object

指定此对象是否显示焦点矩形。属于 InteractiveObject 类。

⑯ framesLoaded:int

[read-only]从流式 SWF 文件加载的帧数。属于 MovieClip 类。

⑰ graphics:Graphics

[read-only]指定属于此 sprite 的 Graphics 对象，在此 sprite 中可执行矢量绘画命令。

⑱ height:Number

指示显示对象的高度，以像素为单位。

⑲ hitArea:Sprite

指定一个 sprite 用作另一个 sprite 的点击区域。

⑳ loaderInfo:LoaderInfo

[read-only]返回一个 LoaderInfo 对象，其中包含加载此显示对象所属的文件的相关信息。

㉑ mask:DisplayObject

调用显示对象被指定的 mask 对象遮罩。

㉒ mouseChildren:Boolean

确定对象的子项是否支持鼠标。

㉓ mouseEnabled:Boolean

确定此对象是否接收鼠标消息。

㉔ mouseX:Number

[read-only]指示鼠标位置的 x 坐标，以像素为单位。

㉕ mouseY:Number

[read-only]指示鼠标位置的 y 坐标，以像素为单位。

㉖ name:String

指示 DisplayObject 的实例名称。

㉗ numChildren:int

[read-only]返回此对象的子项数目。

㉘ opaqueBackground:Object

指定显示对象是否由于具有某种背景颜色而不透明。

㉙ parent:DisplayObjectContainer

[read-only]指示包含此显示对象的DisplayObjectContainer对象。

㉚ prototype:Object

[static]对类或函数对象的原型对象的引用。

㉛ root:DisplayObject

[read-only]对于加载的SWF文件中的显示对象，root属性是此SWF文件所表示的显示列表树结构部分中的顶级显示对象。

㉜ rotation:Number

指示DisplayObject实例距其原始方向的旋转程度，以度为单位。

㉝ visible:Boolean

显示对象是否可见。属于DisplayObject类。

㉞ width:Number

指示显示对象的宽度，以像素为单位。

㉟ x:Number

指示DisplayObject实例相对于父级DisplayObjectContainer本地坐标的x坐标。

㊱ y:Number

指示DisplayObject实例相对于父级DisplayObjectContainer本地坐标的y坐标。

我们可以通过“影片剪辑名.属性”来控制该影片剪辑的属性，例如mc.x=100,即将影片剪辑mc的横坐标X的值设置为100像素；其中有些属性为[read only],表明该属性是只读的，不能进行设置，例如totalFrames该影片剪辑的总帧数，只能对它读取，不能通过赋值对它进行修改。

（2）控制影片剪辑的方法

除了通过属性来控制影片剪辑外，还可以通过下列方法（也可以理解为“as3”的默认函数）来实现对影片剪辑的控制。

① gotoAndPlay(frame:Object, scene:String = null):void

从指定帧开始播放SWF文件。

② gotoAndStop(frame:Object, scene:String = null):void

将播放头移到影片剪辑的指定帧并停在那里。

③ hitTestObject(obj:DisplayObject):Boolean

计算显示对象，以确定它是否与obj显示对象重叠或相交。属于DisplayObject类。

④ hitTestPoint(x:Number, y:Number, shapeFlag:Boolean = false):Boolean

计算显示对象，以确定它是否与x和y参数指定的点重叠或相交。属于DisplayObject类。

⑤ isPrototypeOf(theClass:Object):Boolean

指示Object类的实例是否在指定为参数的对象的原型链中。属于Object类。

⑥ localToGlobal(point:Point):Point

将Point对象从显示对象的（本地）坐标转换为舞台（全局）坐标。属于DisplayObject类。

⑦ nextFrame():void

将播放头转到下一帧并停止。属于MovieClip类。

⑧ nextScene():void

将播放头移动到MovieClip实例的下一场景。属于MovieClip类。

⑨ play():void

在影片剪辑的时间轴中移动播放头。属于MovieClip类。

⑩ prevFrame():void

将播放头转到前一帧并停止。属于MovieClip类。

⑪ prevScene():void

将播放头移动到MovieClip实例的前一场景。属于MovieClip类。

⑫ propertyIsEnumerable(name:String):Boolean

指示指定的属性是否存在、是否可枚举。

属于Object类。

⑬ removeChild(child:DisplayObject):DisplayObject

从DisplayObjectContainer实例的子列表中删除指定的child:DisplayObject实例。

⑭ removeChildAt(index:int):DisplayObject

从DisplayObjectContainer的子列表中指定的index位置删除子DisplayObject。属于DisplayObjectContainer类。

⑮ removeEventListener(type:String, listener:Function, useCapture:Boolean false):void

从EventDispatcher对象中删除侦听器。

⑯ setChildIndex(child:DisplayObject, index:int):void

更改现有子项在显示对象容器中的位置。属于DisplayObjectContainer类。

⑰ setPropertyIsEnumerable(name:String, isEnum:Boolean = true):void

设置循环操作动态属性的可用性。

⑱ startDrag(lockCenter:Boolean = false, bounds:Rectangle = null):void

允许用户拖动指定的Sprite。属于Sprite类。

⑲ stop():void

停止影片剪辑中的播放头。

可以通过"影片剪辑名.方法（参数）"的格式来控制影片剪辑，例如mc.gotoAndStop(2)表示跳转并停止在mc这个影片剪辑的第2帧；本项目通过一个人物走动影片控制的实例来具体讲述ActionScript控制影片的播放方法。（源文件见素材文件夹中的"控制影片播放.fla"）

第7章　综合动画制作

7.1　实训项目一　网站片头动画制作

项目分析：

本实例是为网络广告设计网站制作的网站宣传Flash动画，旨在通过动画来传达网站的建站宗旨和目的。网络广告设计网是一个专门为网络广告从业人员开发设计的行业门户网站，网站内容主要涉及网络广告信息咨询、网络广告作品、网络广告资源以及供网络广告设计人员交流的BBS论坛。网络广告是一个新兴的设计门类，许多人在接触或从事这一设计行业时，对很多知识内容都还很模糊，不知道从何下手。怎样更好更快地学习网络广告基本知识，了解网络广告设计制作的基本过程，做好网络广告的创意，寻找网络广告资源成为他们急需解决的问题。而网络广告创意设计网站在这些方面为他们提供了丰富的资源，也为他们搭建了交流沟通的平台。

网络宣传Flash动画的使用技巧包括：逐帧动画制作、影片剪辑元件使用、声音运用、渐变动画制作、文字动画制作、旋转动画、位移动画等。

7.1.1　前期准备

（1）影片的构思

Flash影片制作是一个完整严谨的过程，影片的创意构思是影片制作的第一步。创意构思的好坏直接关系到影片制作的质量。在这个影片实例中，创意角度瞄准了人们在混乱生活中盲目地寻找所谓的理想，却到处碰壁；盲目地寻找设计创意灵感，却始终没有创意的突破口。当他们的生活陷入混乱，感到无可奈何、不知所措时，当他们的设计创意不能很好地进

图7–1

行下去时，他们来到了网络广告设计网站，仿佛突然看到了太阳一样，生活一下子变得光明起来，创意灵感泉涌般呈现在眼前。图7-1是影片的几个镜头脚本截图。

（2）设计造型

Flash影片制作中各角色的造型设计是整个影片制作的一个核心工作。无论是场景造型还是人物角色设计，都是非常重要的环节。例如，人物角色设计就好比电影中的演员，影片中的任何故事都必须通过角色的表演来实现，他们的性格、长相、身材、穿着将直接影响到影片的好坏。看一部影片，你看到了丰富的剧情故事，但这些故事过不了多久你就会淡忘，最终留在你脑海里的并不是这些故事，而是表达故事的主体——角色。

本实例中使用两处人物角色造型和两个场景设计，他们都可以使用Flash软件的绘图工具绘制出来，当然也可以使用Corel Draw或者Illustrater、Photoshop等软件绘制，然后导入Flash软件里使用。在本实例中，背景动画影片剪辑和办公室场景图使用了Photoshop软件绘制，然后存储为GIF透明背景格式，再直接导入Flash软件里使用；两个人物造型使用了Flash软件直接绘制。如图7-2所示。

图7–2

本实例中所使用的场景造型都放在“素材/第7章”文件夹里。

在Flash软件影片中进行人物角色设计，可以首先在纸上绘制草图，然后使用扫描仪扫描这些草图并保存为图形文件，再将草图导入Flash，作为人物角色绘制的参照。如图7-3所示。

图7-3

① 新建文件，单击“文件”>“新建”命令，弹出“新建文档”对话框，点击“确定”即可创建一个新Flash文档，如图7-4所示。

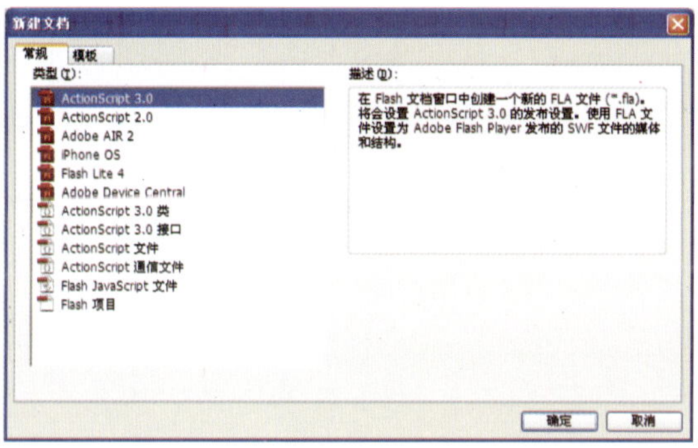

图7-4

② 执行“修改”>“文档”命令（或按住Ctrl+J快捷键），打开“文档设置”对话框，设置相关参数，标题为“宣传动画”，尺寸宽度为550像素，高度为400像素，背景颜色为白色，帧频为12，单击“确定”按钮，如图7-5所示。

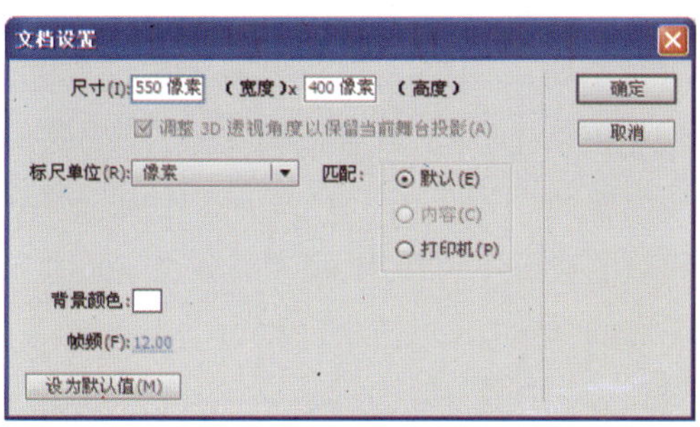

图7-5

③ 执行“插入”>“新建元件”命令，弹出“创建新元件”对话框，将名称改为“人物1”，类型选择“图形”，点击“确定”。如图7-6所示。

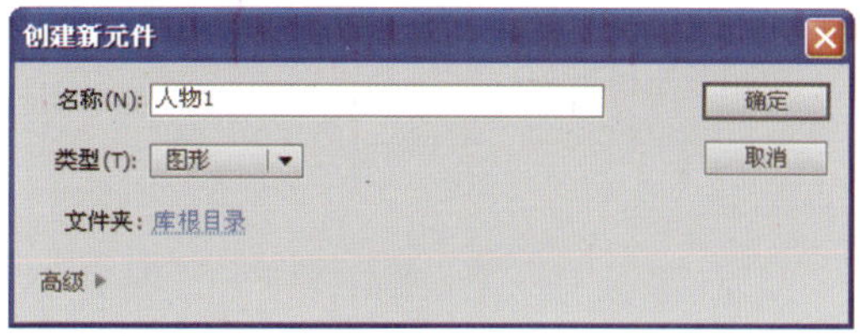

图7-6

④ 执行“文件”>“导入”>“导入到库”命令，将素材文件“第7章/人物1.gif”图片导入到“库”文件里，并将图形拖放到舞台，将“图层1”命名为“参考图”，如图7-7所示。

图7-7

⑤ 点击（新建图层）按钮，新建一个图层，命名为“头”。使用（椭圆工具）绘制两个椭圆，分别填充为黑色#000000和皮肤颜色#FFDDC7，然后使用（任意变形工具）调整两个椭圆图形的大小和方向，并放置在相应的位置，如图7-8所示。

⑥ 点击（新建图层）按钮，新建一个图层，命名为“耳朵”。使用（椭圆工具）绘制两个椭圆，分别填充为黑色#000000和皮

图7-8

图7-9

肤颜色#FFDDC7，然后使用（任意变形工具）调整两个椭圆图形的大小和方向，并放置在相应的位置，如图7-9所示。

⑦ 点击（新建图层）按钮，新建一个图层，命名为“左眼”。使用（椭圆工具）绘制三个椭圆，分别将两个填充为黑色#000000，另一个填充为白色#FFFFFF，然后使用（任意变形工具）调整两个椭圆图形的大小和方向，并放置在相应的位置；再使用（铅笔工具）绘制一条直线作为眼镜腿。如图7-10所示。

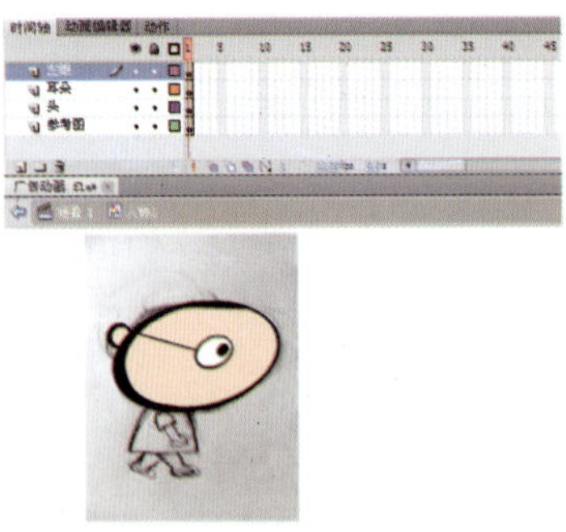

图7-10

⑧ 使用同样的方法绘制人物图形的右眼，如图7-11所示。

图7-11

⑨ 点击（新建图层）按钮，新建一个图层，命名为“眉毛”。使用（矩形工具）绘制两个矩形图形，分别填充为黑色#000000，然后使用（任意变形工具）调整两个矩形图形的大小和方向，并放置在相应的位置，如图7-12所示。

图7-12

⑩ 点击（新建图层）按钮，新建一个图层，命名为“上半身”。使用（矩形工具）绘制两个矩形图形，分别填充为黑色#000000和蓝色#58ADD2，然后使用（任意变形工具）调整两个矩形图形的大小和方向，并放置在相应的位置，再使用（部分选取工具）调整图像的形状，如图7-13所示。

⑪ 点击（新建图层）按钮，新建一个图层，命名为“胳膊”。使用（矩形工具）

图7–13

绘制两个矩形图形，分别填充为蓝色#58ADD2和皮肤颜色#FFDDC7，边框线颜色为黑色，然后使用（任意变形工具）调整两个矩形图形的大小和方向，并放至相应的位置，再使用（部分选取工具）调整图像的形状，如图7-14所示。

图7–14

⑫ 点击（新建图层）按钮，新建一个图层，命名为“右腿”。使用（铅笔工具）根据草稿图脚的形状绘制出脚的图形，填充为蓝色#58ADD2，边框线颜色为黑色，然后使用（部分选取工具）调整图像的形状，并将图层“右腿”拖放到图层“上半身”的下面。如图7-15所示。

⑬ 使用同样的方法绘制出人物图形的左腿，并将图层“参考图”删除。单击“文件”>“保存”命令，保存绘制的图形（注意：在影片制作的过程中要养成实时保存文件的习惯）。如图7-16所示。

图7–15

图7–16

至此，人物1的角色造型设计就制作完成了。但是要制作一个人物走路的动作，单一图形是不能完成的。在Flash中人物走路的动作通常由8帧逐帧动画实现。所以，在这里，人物1角色应该有8个不同的动作造型。这就需要再绘制出7个动作，可以使用与上边相同的方法来绘制。不过有一个偷懒的办法，因为人走路时是两条腿交替走动的，所以把两条腿的位置前后换一下就可以制作好其他几个帧的图形。要注意的是，胳膊在走动的过程中也要前后摇摆，身体要上下晃动。

⑭ 在“人物1”图形元件编辑窗口，选中每一个图层的第1帧，在任何一个图层第1帧处单击右键，选择“复制帧”命令，复制所有的关键帧。如图7-17所示。

⑮ 执行“插入”>“新建元件”命令，弹出“创建新元件”对话框，将名称改为“人物动作2”，类型选择“图形”，点击“确定”。在“人物动作2”图形元件编辑窗口“图层1”第

图7–17

图7–18

1帧处单击右键，选择“粘贴帧”命令，粘贴所有的关键帧。如图7-18所示。

⑯ 人走路的时候关节部位基本上是没有什么变化的，所以把原点拉到人体关节部位，然后进行变形，再加以修改，就可以形成第二个人物角色图形了。选择图层“右腿”，单击（任意变形工具）调整原点到腿关节部位，然后向右旋转。同时，选择图层“胳膊”，单击（任意变形工具）调整原点到胳膊的关节部位然后向左旋转，如图7-19所示。

图7–19

⑰ 使用同样的方法分别绘制“人物动作3”、“人物动作4”、“人物动作5”、“人物动作6”、“人物动作7”、“人物动作8”图形元件。如图7-20所示。

图7–20

⑱ 使用与绘制“人物1”相同的方法，绘制影片中使用到的第二个元件“头像”。如图7-21和图7-22所示。

图7–21

图7–22

（3）搜集整理素材

除了要绘制动画影片中使用到的人物场景等图形外，影片中还要插入声音。音乐在影片里起到很重要的烘托气氛的作用，很多时候一段好的音效或音乐可以使动画产生意想不到的效果。音乐要通过精挑细选才能使用，通常音乐素材的搜集有两个方法：一是从互联网上下载可以免费使用的声音文件；二是由专业人士根据影片的需要专门录制。本实例中使用的声音文件放在“素材/第 7 章”文件夹里，名称为“声音.mp3”。

7.1.2　中期制作

（1）制作背景动画

为了渲染一种烦躁、艰难的气氛，给影片添加一个背景动画，它从影片开始一直延续到影片结束。在这里要使用到影片剪辑元件制作。

第1步：添加背景图形

① 双击“图层1”，将其命名为“背景”，如图7-23所示。

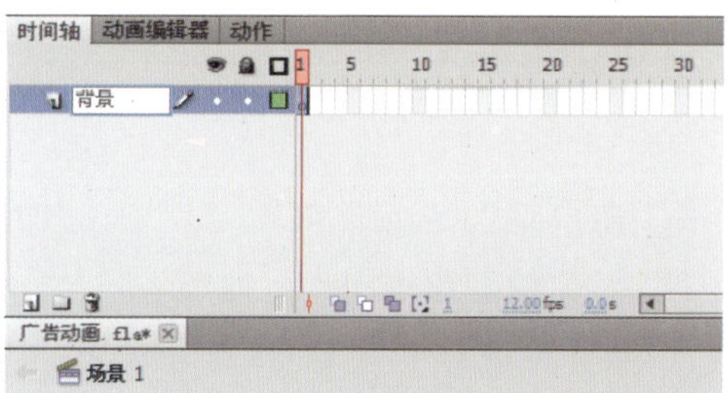

图7-23

② 在“背景”图层的第1帧上使用（矩形工具）绘制矩形图形，填充为黑色，宽度为550像素，高度为72像素，X轴为0，Y轴为0。如图7-24和图7-25所示。

图7-24

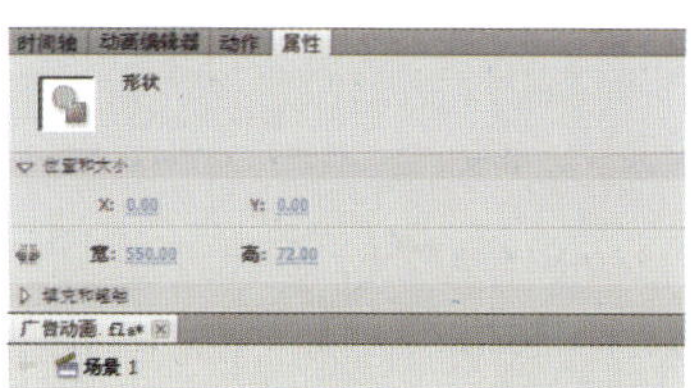

图7-25

③ 在“背景”图层第1帧上再次使用（矩形工具）绘制矩形图形，填充为黑色，宽度为550像素，高度为72像素，X轴值为0，Y轴值为328。如图7-26所示。

图7-26

第2步：制作背景影片剪辑元件

④ 执行“插入”>“新建元件”命令，弹出“创建新元件”对话框，将名称改为“背景”，类型选择“影片剪辑”，点击“确定”。如图7-27所示。

图7-27

⑤ 执行“文件”>“导入”>“导入到库”命令，将“素材/第7章”中的“背景1.gif”到“背景10.gif”共十张图片导入到“库”文件里，以备使用。如图7-28所示。

⑥ 选中图层1的第1帧，将“背景图形1.gif”从“库”面板里拖放到舞台，设置图形属性，宽度和高度为默认值，X轴和Y轴值都为0。如图7-29所示。

⑦ 分别在图层1的第3、5、7、9、11、13、15、17、19帧插入“空白关键帧”，并将“库”面板里的“背景图形2.gif”到“背景图形10.gif”分别拖放到第3、5、7、9、11、13、15、17、19几个空白关键帧所在的舞台上，设

图7-28

图7-29

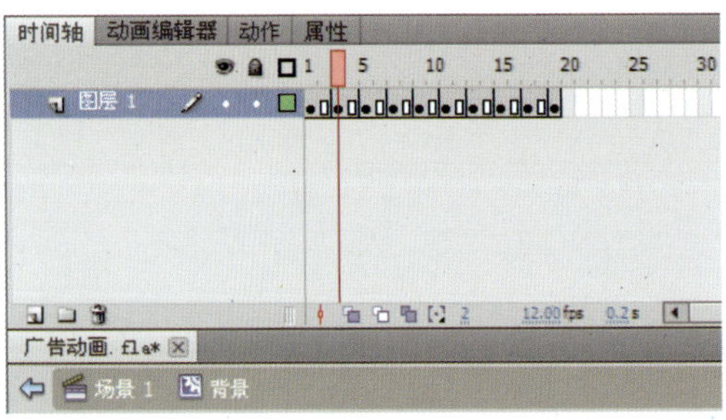

图7-30

置其X轴和Y轴值都为0。如图7-30所示。

第3步：在舞台上应用背景影片剪辑元件

⑧ 单击 场景 1 按钮，返回到场景编辑舞台，单击 （新建图层）按钮，新建一个图层，并将其命名为“背景动画”，把“库”面板里的背景影片剪辑拖放到“背景动画”图层的第1帧，设置其X轴值为0，Y轴值都为72，如图7-31所示。

这样一个背景动画影片就制作完成了，可以使用快捷键Ctrl+Enter测试影片，查看制作

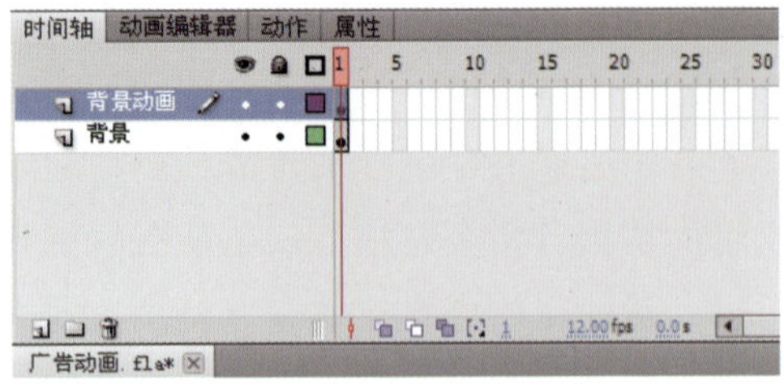

图7-31

的效果。

（2）人物走路动画制作

① 绘制草地图形，执行“插入”>“新建元件”命令，弹出“创建新元件”对话框，将名称改为“草地”，类型选择“图形”，点击“确定”。如图7-32所示。

图7-32

② 在草地图形元件编辑窗口中，使用 （铅笔工具）绘制草地图形，如图7-33所示。

图7-33

③ 新建图形元件，执行“插入”>“新建元件”命令，弹出“创建新元件”对话框，将名称改为“太阳图”，类型选择“图形”，点击“确定”。使用 （笔刷工具）绘制太阳图形，如图7-34所示。

图7-34

④ 制作太阳影片剪辑，执行“插入”>“新建元件”命令，弹出“创建新元件”对话框，将名称改为“太阳”，类型选择“影片剪辑”，点击“确定”。如图7-35所示。

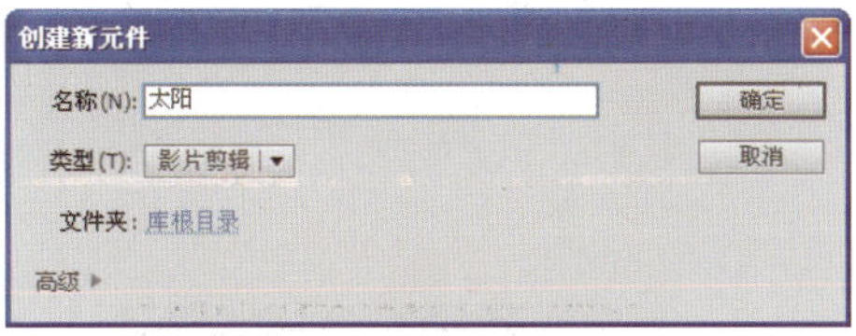

图7–35

⑤ 选择“图层1”的第1帧，将“太阳图”图形元件从“库”面板里拖到舞台中，然后在第20帧插入关键帧，选中在第1帧到第20帧中间任何一帧，在属性栏“补间”中选择“动画”，“旋转”中选择“顺时针”，次数为3。如图7-36和图7-37所示。

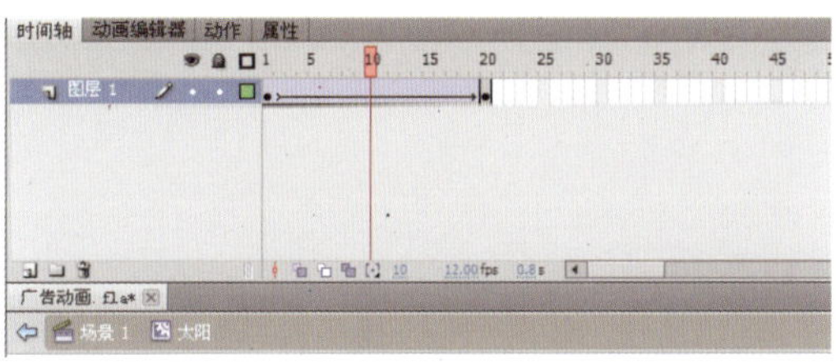

图7–36

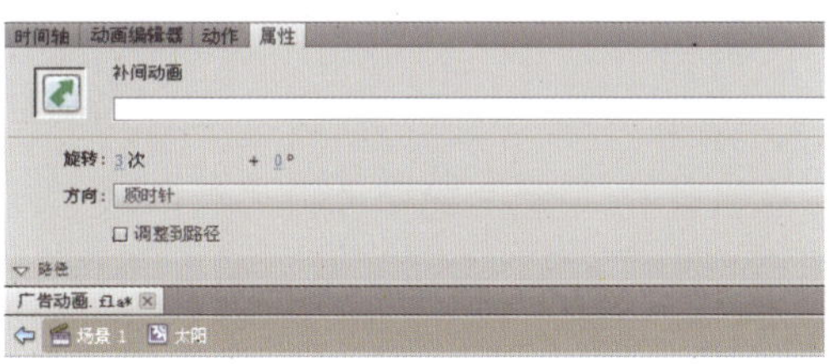

图7–37

⑥ 执行“插入”>“新建元件”命令，弹出“创建新元件”对话框，将名称改为“人”，类型选择“影片剪辑”，点击“确定”。如图7-38所示。

⑦ 在“人”影片剪辑编辑窗口“图层1”的第3、5、7、9、11、13、15帧分别插入空白关键帧。把“库”面板中的“人物动作1”图形元件到“人物动作8”分别拖放到第1、3、5、

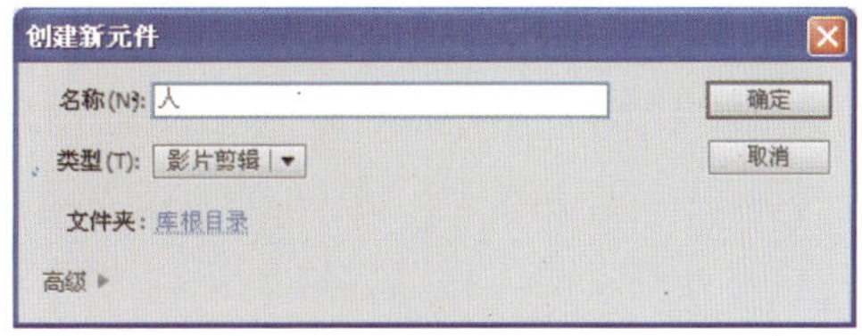

图7–38

7、9、11、13、15帧上，图像属性设置为：图像大小默认，在第1、5、9、13帧上设置其X轴和Y轴值都为0，在第3、7、11、15帧上设置其X轴值为0和Y轴值为2。如图7-39所示。

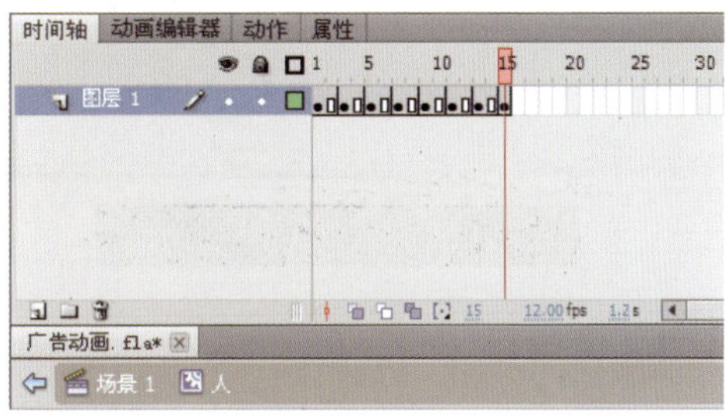

图7–39

⑧ 点击按钮 场景 1 ，返回到“场景1”，单击三次（新建图层）按钮，新建三个图层，并分别命名为“人”、“草地”、“太阳”，把“库”面板里的“人”、“草地”、“太阳”影片剪辑分别拖放到相应图层的第1帧，然后用（任意变形工具）调整影片剪辑大小，并放置在相应位置。如图7-40所示。

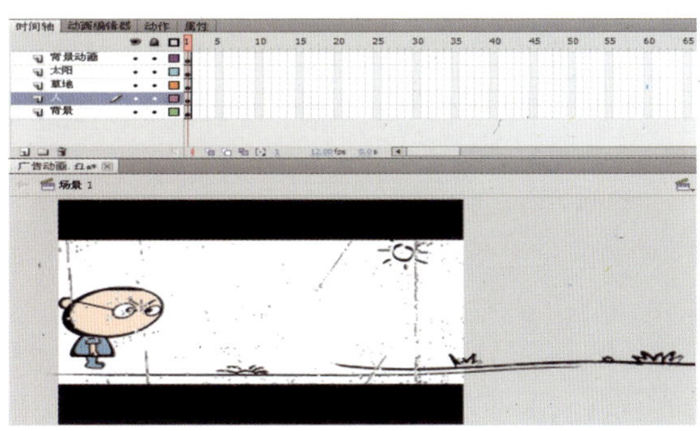

图7–40

⑨ 分别在“人”、“草地”、“太阳”图层的第60帧处插入关键帧，在“背景”、“背景动

画”图层的第60帧处插入帧。分别在“人”、“草地”、“太阳”图层第1帧到第60帧中间任何一帧单击，在属性栏“补间”选择“动画”，创建位移补间动画。如图7-41所示。

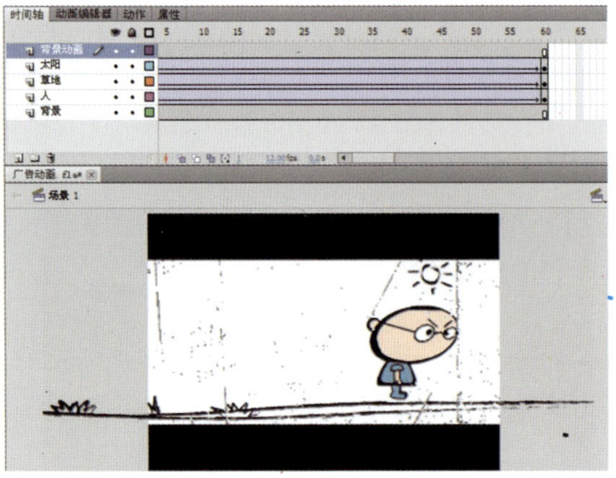

图7-41

测试一下劳动成果，在影片制作过程中，要经常性地测试影片，观看影片效果是不是达到要求，对没有处理好的地方可以及时发现，进行修改。

（3）寻找理想文字动画制作

① 单击选中“背景图层”，然后连续点击（新建图层）按钮两次，创建两个图层，分别命名为“红色”、“文字1”，如图7-42所示。

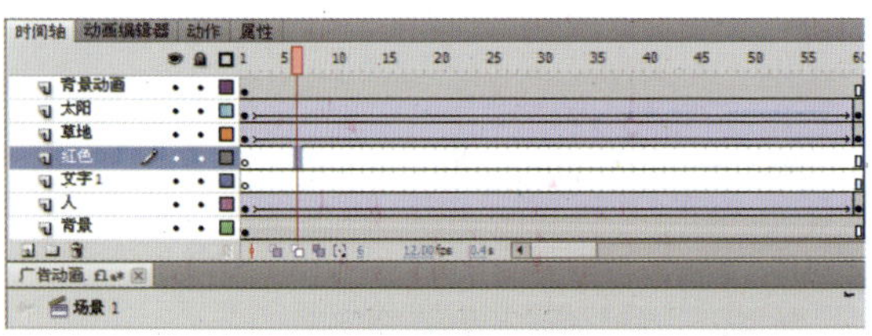

图7-42

② 在“背景”图层的第80帧插入一个帧，在“红色”图层的第61帧处插入一个空白关键帧。使用（矩形工具）在舞台中绘制矩形，设置其属性，宽为550像素，高为256像素，X轴值为0，Y轴值为72，色彩值为#FF3300。并在“红色”图层的第61帧处插入一个帧，如图7-43所示。

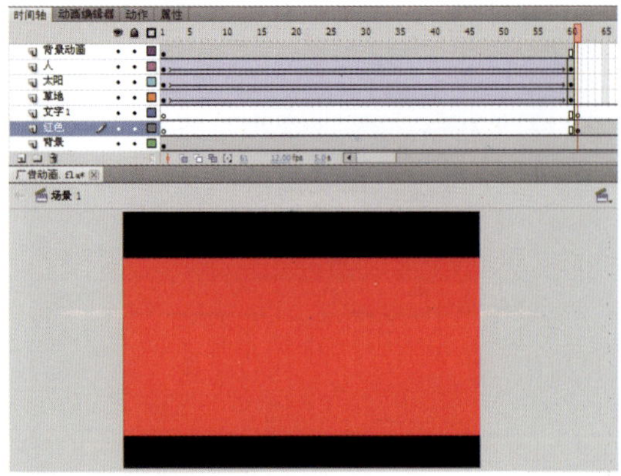

图7-43

③ 执行“插入”>“新建元件”命令，弹出“创建新元件”对话框，将名称改为“理想”，类型选择“图形”，点击“确定”。如图7-44所示。

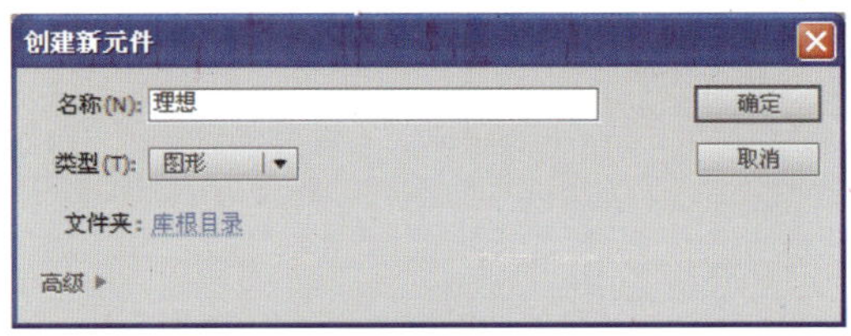

图7-44

④ 在“理想”图形元件编辑舞台使用 T（文本工具）输入文字“他，在寻找理想……”。在“属性栏”里设置字体为“黑体”，大小为20，字距为5，色彩为黑色。然后回到“场景1”，在“文字1”图层的第61帧处插入一个空白关键帧，把“理想”元件拖放到舞台，放置在相应位置，并在第80帧处插入一个关键帧，在“背景动画”的第61帧处插入一个空白关键帧，如图7-45所示。

（4）寻找创意部分动画制作

① 执行“插入”>“新建元件”命令，弹出“创建新元件”对话框，将名称改为“创意”，类型选择“影片剪辑”，点击“确定”。在图层1的第1、3、5、7帧处分别插入空白关键帧。

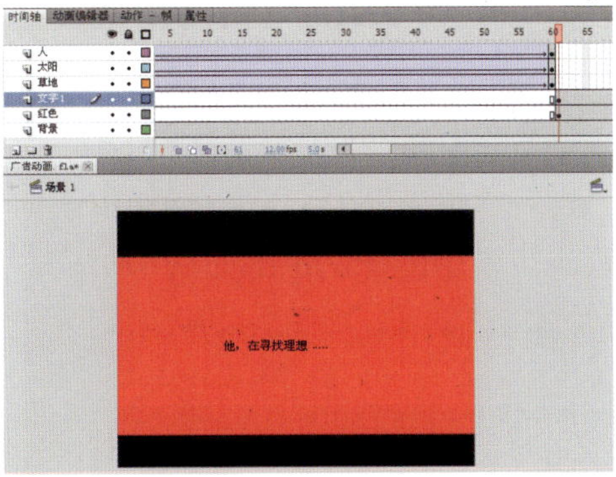

图7-45

然后将“库”面板中的“头像动作1”图形拖放到第1帧、第5帧，将“头像动作2”图形拖放到第3帧、第7帧，图形属性中X轴和Y轴都设置为0，宽和高设置为默认。如图7-46所示。

图7-46

② 点击按钮 场景1，返回到“场景1”，在“背景”图层的第190帧插入关键帧，在“背景动画”图层的第81帧插入空白关键帧，然后将“背景”影片剪辑拖放到场景。属性设置其X轴值为0、Y轴值为72，并在第140帧处插入帧。

③ 单击选中“太阳”图层，然后点击两次（新建图层）按钮，新建两个图层，并将其分别命名为“办公室”、“人2”，把“库”面板里的“创意”影片剪辑拖放到“人2”图层的第1帧，把“办公司.gif”放到“办公室”图层的第1帧，并放置在相应位置。如图7-47所示。

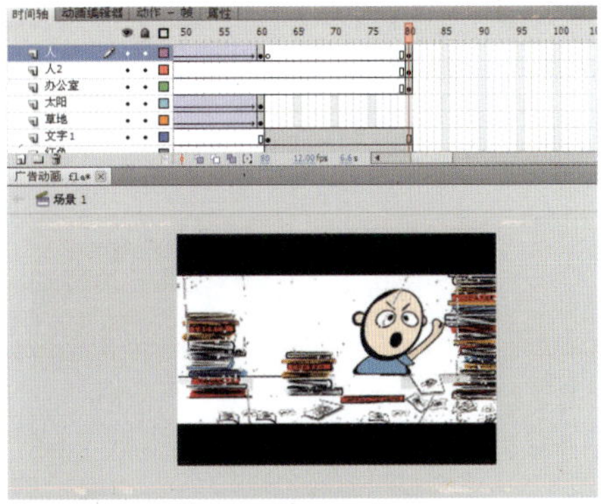

图7-47

④ 分别在“办公室”、“人2”图层的第140帧插入帧。如图7-48所示。

图7-48

（5）寻找创意文字动画制作

单击选中“背景动画”图层，然后点击两次（新建图层）按钮，新建两个图层，并将其分别命名为“蓝色”、“文字2”，在两个图层的第141帧处分别插入两个空白关键帧，选中“蓝色”图层第141帧，使用（矩形工具）绘制一个矩形，设置其属性，宽度为550像素，高度为256像素，X轴值为0，Y轴值为72。然后选中“文字2”图层，使用 T（文本工具）输入文字，在“属性”栏里设置字体为黑体，大小为20，字距为5，色彩为白色。并且分别在两个图层的第160帧处插入帧。如图7-49所示。

（6）图形渐变动画

① 执行“插入”>“新建元件”命令，弹出“创建新元件”对话框，将名称改为“标

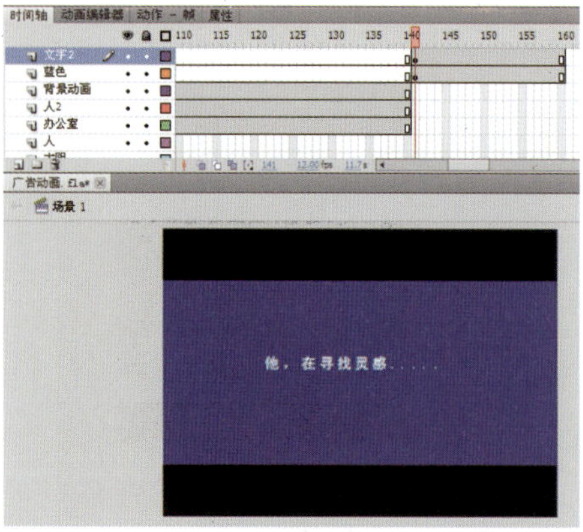

图7-49

志”，类型选择“图形”，点击“确定”。

② 使用T（文本工具）输入文字“他们都在寻找……”、“网络广告创意设计网”，设置其字体大小分别为14和36，字体为黑体，放置在相应的位置，如图7-50所示。

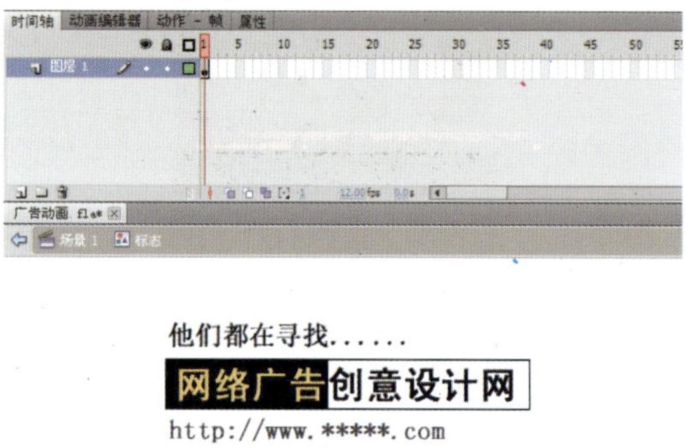

图7-50

③ 点击按钮 场景1，返回到“场景1”，单击选中“文字2”图层，然后点击（新建图层）按钮，新建图层，并将其命名为“网址”，在图层的第160帧处插入空白关键帧，并将“标志”图形元件拖放到舞台，然后在第168帧插入空白关键帧，在第190帧处插入帧。选中第160帧处标志图形元件，在“属性”栏里设置颜色Alpha值为0%，如图7-51所示。

然后选中第160帧到第168帧中间的任何一帧，在属性栏里设置补间为“动画”，创建“透明渐变”动画。如图7-52所示。

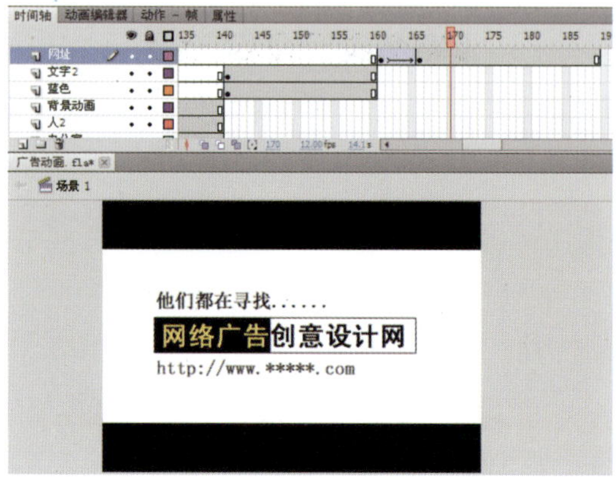

图7-52

（7）插入声音

① 执行“文件”>“导入”>“导入到库”命令，将素材文件“第7章/音乐.mp3”导入到库。

② 单击选中“网址”图层，然后点击（新建图层）按钮，新建图层，并将其命名为“声音”，然后将“库”面板中的“音乐.mp3”文件拖放到舞台。如图7-53所示。

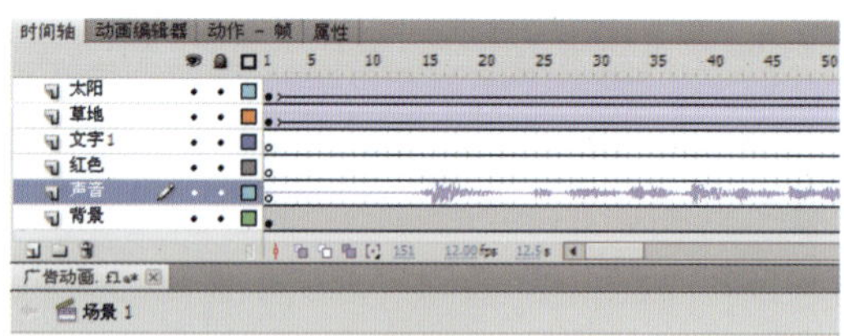

图7-53

图7-51

7.1.3　影片发布

做好的影片要发布出去才能被别人看到。在Flash中文件格式分为两种，一种是原文件，后缀为“.fla”，也就是我们编辑时的文件格式；还有一种为打包以后的影片文件，后缀为“.swf”。而发布出去的就是“.swf”文件，此文件不能再进行编辑。

执行“文件”>“导出”>“导出影片”命令，选择导出文件的文件夹位置，如“E:/Flash”文件夹，命名文件为“宣传动画”，点击“保存”，在弹出的“导出设置”对话框中设置为默认，点击“确定”即可。如图7-54和图7-55所示。

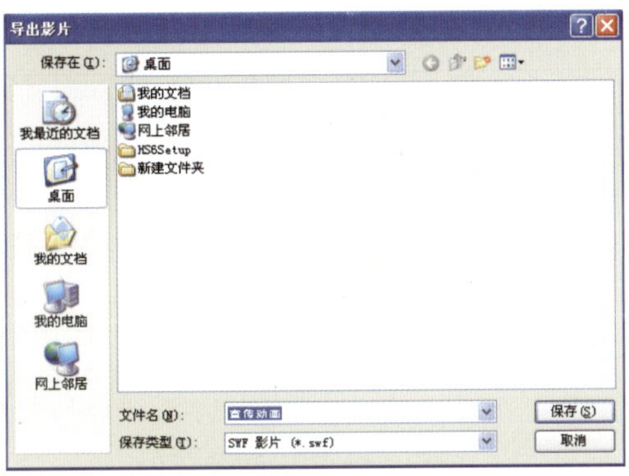

图7-54

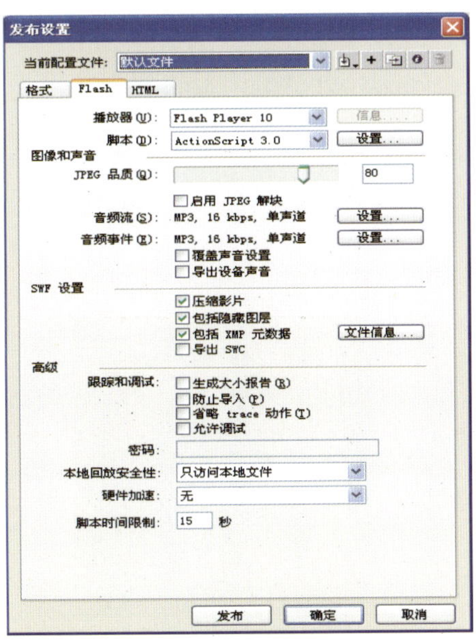

图7-55

7.1.4　网站片头动画项目进阶练习：片头动画制作

要求：

① 制作一个简单的企业动画片头（可以是电视专题片、电影片、学校宣传片、Flash网站片头等），内容要完整丰富。

② 片头时间在20秒左右，可以外加几个相关图片样式或剪辑视频，也可以为相关内容添加字幕。

③ 尺寸大小根据片头内容制定，添加合适的背景音乐，音乐文件量不宜过大，否则会影响影片下载速度。

④ 制作好的片头动画分别导出为avi、mpg、swf、exe等格式文件。

7.2　实训项目二　网络广告Banner设计制作

项目分析：

Banner广告又叫旗帜广告，在几乎所有的网站中都能见到，也是目前最常用的一种网站广告形式。常用的格式有jpg、gif动画和Flash动画格式。随着网速的提高，Flash动画格式的Banner广告逐渐成为网络广告的主要形式。

Banner广告的目的是吸引用户的注意，然后引起用户点击。所以一个优秀的Banner广告首先要做到的就是必须能够吸引用户浏览。而用户浏览网页的时间一般也就十几秒中，因此Banner广告必须在第一时间内吸引用户的眼球。在设计Banner广告时，必须考虑用户的浏览习惯，也就是在只瞄一眼的情况下，是否能引起用户足够的重视，所以第一感觉对于Banner广告设计是最重要的。

对于Flash Banner广告来说，大小一般不要超过50K，尽量减少下载时间。因为如果尺寸较大，当用户访问页面时，可能网页内容全部显示完了，广告还没加载完成，而用户可能就在此时离开这个页面。

本实训项目采用红色和白色文字对比，衬托出包包的高雅气质，滚动的齿轮将用户的注意力吸引到广告里的包包商品上来，高品质的产品引起用户的点击，在广告上制作一个透明的按钮，并添加ActionScript代码转到包包网网址里来查看详细的商品信息，促成购买行为。

7.2.1 网络广告Banner项目制作

① 新建文件，执行“文件”>“新建”命令，弹出“新建文档”对话框，选择“常规类型”下的“ActionScript 2.0”，点击“确定”，即可创建一个新Flash文档。执行“修改”>“文档”命令，将文件大小改为宽度300像素，高度250像素，背景颜色为#A10000，帧频为12fps的文件。如图7-56所示。

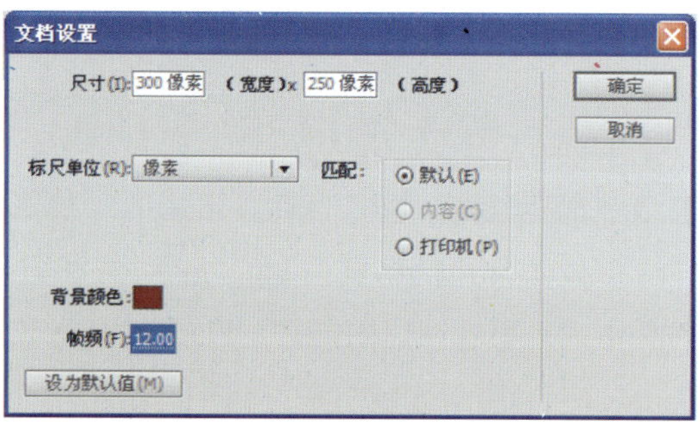

图7-56

② 将“图层1”修改为“背景”，在“工具”面板中选择（钢笔工具）绘制图形，并填充渐变颜色为#FF9900至#A00000，如图7-57所示。

③ 选择（渐变变形工具），拖动箭头改变填充颜色，使图像色彩和舞台背景更加接近，然后将“背景”锁定。如图7-58所示。

④ 执行“插入”>“新建元件”命令新建一个元件，将其命名为“旋转轮”，类型为

图7-57

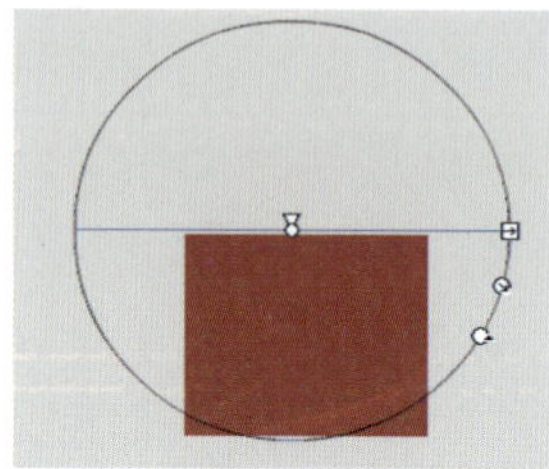

图7-58

“影片剪辑”。使用（矩形工具），设定边框颜色为无，填充颜色为#FF9900，绘制一个宽度为30像素，高度为300像素的矩形，应用（部分选取工具）缩短矩形底部边框，如图7-59所示。

⑤ 将矩形转换为图形元件，命名为“齿轮”，选择（任意变形工具）将矩形的中心

图7-59

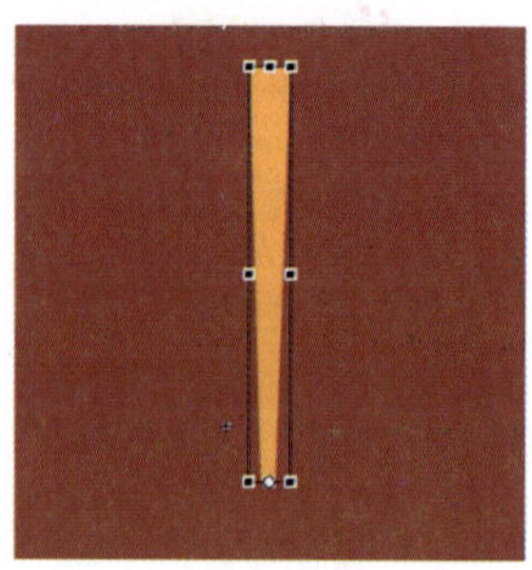

图7-60

点调整到底部中间点，如图7-60所示。

⑥ 将（变形工具）里的“旋转”，设定为30°，如图7-61所示。点击（重制选区和变形工具）12次，绘制出以中心点为中心的12个同样的矩形。如图7-62所示。

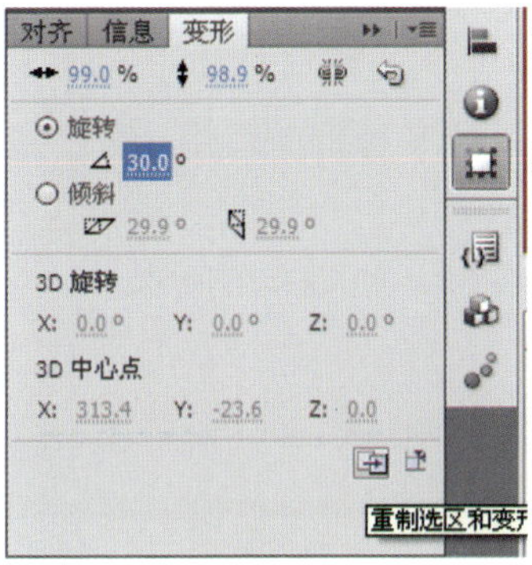

图7–61

图7–62

⑦同时选中所有矩形，执行“修改”>“组合”命令，然后在第90帧插入一个关键帧，选择第1帧到第90帧中间的任何一帧创建传统补间，在“属性”面板中修改“旋转”为顺时针，次数为1次，如图7-63所示。

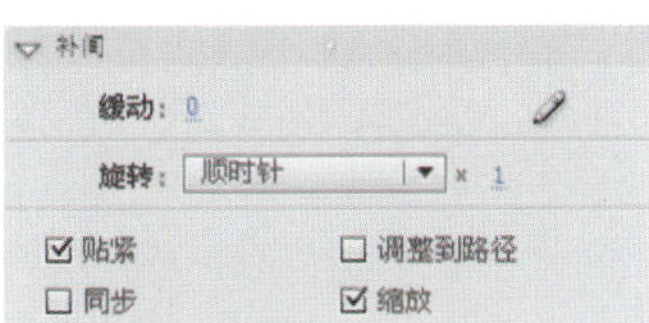

图7–63

⑧点击“场景1”回到场景舞台，创建一个图层，并将其命名为“轮”，将“库”面板中的“旋转轮”影片剪辑元件拖放到舞台，调

图7–64

整其大小，设定透明度为10%，并将“轮”图层移动到“背景”图层下边。如图7-64所示。

⑨ 执行“文件”>“导入”>“导入舞台”命令，选择素材文件“第7章/包包.png”，转化为图形元件，命名为“包包”。调整大小为60%，调整位置放置在舞台的中上方，在第10帧插入关键帧，选择第1帧将包包图像放到舞台上边，创建“传统补间”，如图7-65所示。

图7–65

⑩ 新建两个图层，分别命名为“包包1”、“包包2”，放置在图层“包包”的下边。在两个图层的第1帧放置包包图像，在“包包1”图层和“包包2”图层上分别作位置移动和透明度变化，如图7-66所示。

⑪ 新建图层，并将其命名为“价格”，将图层移动至“背景”图层的下边，在第26帧处插入空白关键帧，输入文字“199元女士休闲包”，设定文字颜色为白色，字体为黑体，“199

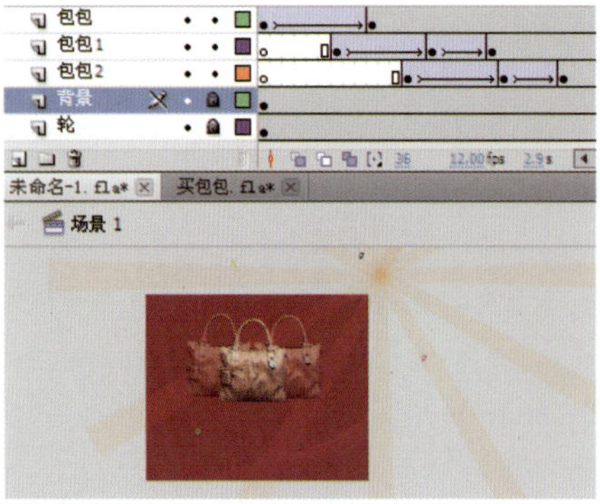

图7–66

元”文字大小为26点，“女式休闲包”为16点。然后在32帧处插入关键帧，移动两个关键帧的位置，创建传统补间动画，如图7-67所示。

⑫ 新建一个图层，并将其命名为“样式”，在第35帧插入空白关键帧，输入文字“爱美女孩买包首选，样式精美”，并将其转化为图形元件，然后在第40帧插入关键帧，制作文字透明度变化动画，如图7-68所示。

⑬ 执行“插入”>“新建元件”命令，新建按钮元件，并将其命名为“按钮”，类型为

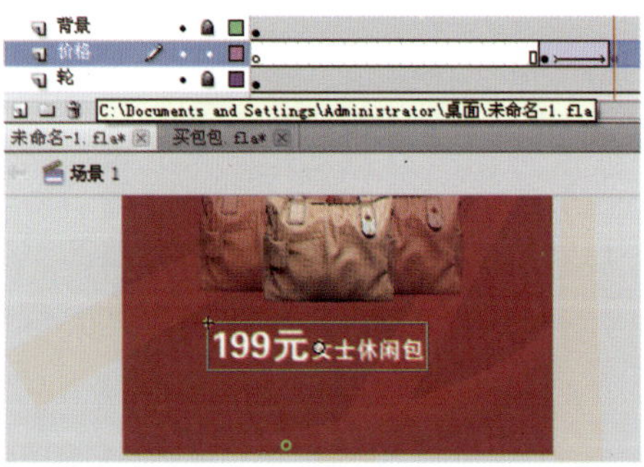

图7–67

图7–68

图7–69

“按钮”，如图7-69所示。

⑭ 使用（矩形工具），绘制一个宽度为300像素，高度为250像素，颜色为白色的图形，分别在“指针经过”、“按下”、“点击”帧处插入关键帧，如图7-70所示。

图7–70

⑮ 返回场景，新建一个图层，并将其命名为“按钮”。将“按钮”放到舞台中来，设定其X轴和Y轴的值都为0，使“按钮”图形和舞台完全重合，并改变按钮的透明度为0%，如图7-71所示。

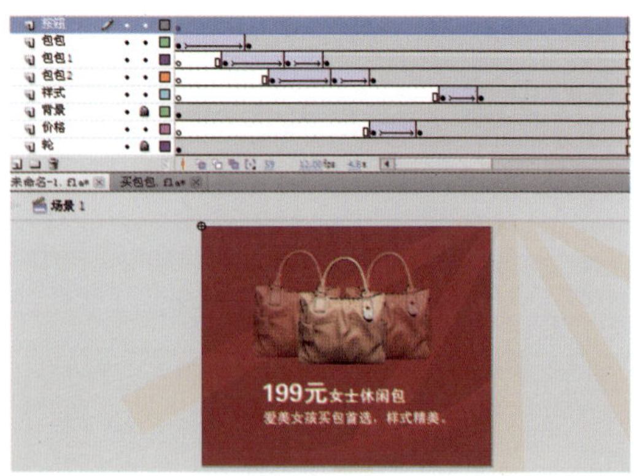

图7–71

⑯ 选择“按钮”，执行“窗口”>“动作”命令，在面板中输入ActionScript代码：

```
on (release) {
    getURL ("http://www.baobao.com", "_blank");}
```

就给动画添加了链接，导出后影片可以点击连接到网站。如图7-72所示。

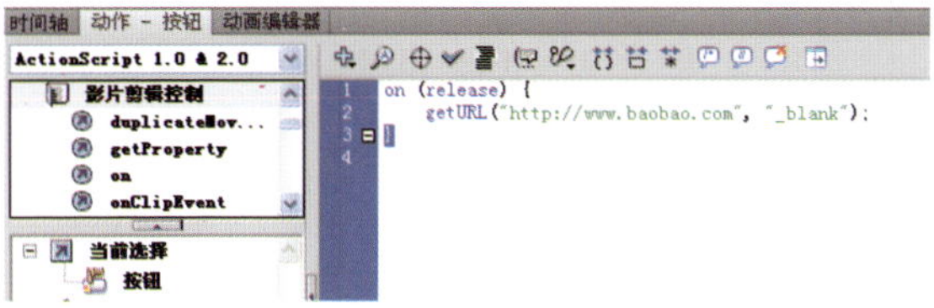

图7-72

⑰ 保存文件命名为“包包”，保存为可以编辑的fla格式的文件。执行“文件”>“导出”>“导出影片”命令，在弹出的对话框中选择本地文件夹，文件命名为“包包”，可以导出swf格式的文件，它能插入到网站页面中使用。

制作完成后导出的影片文件“包包.swf”大小为34kb，放置在网站文件根目录下，可以通过Dreamweaver软件添加到网站页面中使用。

7.2.2 网站片头动画项目进阶练习：Banner广告制作

要求：

①制作放置在门户网站首页的服装类（内容可以是名牌服饰，也可以是购物网站服装商品）横幅Banner，尺寸大小为728像素×90像素，帧频率为12fps。

②Banner设计要能体现出产品的品质和所属行业特点，色调和服饰色彩协调，动画节奏感强。

③Banner创意独特，能在瞬间抓住浏览者眼球，吸引浏览者点击。

参考文献

[1] 美国Adobe公司.Adobe Flash CS5 ActionScript 3.0中文版经典教程．北京：人民邮电出版社，2010.

[2] 孙颖．Flash ActionScript 3殿堂之路．北京：电子工业出版社,2007.

[3] 陈冰．Flash第一步：ActionScript编程篇．北京：清华大学出版社，2006.

[4] 胡海，赵青山，乔育山等.Adobe Flash CS3 Professional标准培训教材。北京：人民邮电出版社，2008.

[5] 吴健，朱晓鸣．动画运动规律．南京：江苏科学技术出版社，2010.

[6] 孙立军，马华．美国迪士尼动画研究．北京：京华出版社，2010.

[7] [美]韦伯斯特．动画——角色的运动和动作．北京：人民邮电出版社，2009.

[8] 李杰．原画设计．北京：中国青年出版社,2009.

[9] [美]巴彻.梦想世界——动画美术设计.北京：人民邮电出版社，2010.

[10] [美]彼得斯.Flash ActionScript 3.0动画高级教程．北京：人民邮电出版社，2010.

[11] 王愉，李文博，赵一飞等．给设计师看的交互程序设计书——F1ash Actionscript 3.0溢彩编程．北京：清华大学出版社，2010.

[12] 高艳．Flash运动规律与游戏制作教程．北京：水利水电出版社，2010.